JN014235

情報システムデザイン

体験で学ぶ
システムライフサイクルの実務

高橋真吾
衣川功一
野中　誠［著］
岸　知二
野村佳秀

INFORMATION SYSTEMS DESIGN

共立出版

まえがき

本書では情報システムの開発ライフサイクルについて，ユーザの立場から，基本的な要素技術の演習を通して体験しながら学ぶ．情報システムのユーザにとって役立つシステムのデザインを実現するために，ユーザが情報システム開発者とのコミュニケーションができることを目標としている．

情報システムは経営システムにおける情報を扱い，その支配的な役割はますます大きくなっている．このような中で，ビジネスと情報システムのつながりを理解するためには，情報システムの個別の開発技法のみを習得するだけでは経営課題に適合した情報システムの開発を行うことはできない．経営課題を考えるためのアプローチでは，経営システムと融合したICTを構築し，経営システムの視点からの情報システムのデザインを志向していくことが重要である．そのためには，情報システム開発を実際に行う者には経営システムのどのような機能を情報システムによって実現するのかという視点が求められ，情報システムのユーザ，発注者においても情報システムのライフサイクルと開発プロセスの概要を理解した上で，システム開発者とのコミュニケーションをすることが必要である．

早稲田大学創造理工学部経営システム工学科では，まだプログラミングもおぼつかない2年生を対象に，システムライフサイクルの観点から，情報システム開発のライフサイクルプロセスの全体を具体的なシステムの開発体験を通して理解できるような授業を長年試みてきた．その中でそれまでの経験に基づいて，本書の前著となる『情報システム開発入門』(2008) を出版した．前著が出版されてから10年以上が経過し，IoTやSociety 5.0などに代表されるように情報システムとビジネスや社会を取り巻く状況も大きく変化している．さらに本書は前述した授業での経験から，学生がより取り組みやすい演習課題にすることなども含めて，構成や内容を全面的に見直し，ほぼ書下ろしたものである．

授業および前著での情報システムの教育に関する問題意識は本書も同じであり，次のように考える．

> 工学系では主に個別の開発技法の詳細が教えられているが，経営からの視点が乏しく，経営学系における経営情報システム論等の講義では技術的詳細が省かれるというように，経営とITは必ずしも統合して教えられているとは言い難い．実際の経営環境の中での情報システムの開発は，文字通り実務であり，開発プロセスの実際は実務を通して理解することとなるが，開発者と利用者との開発の溝が必ずしもなくなるわけではない．情報システムの経営システムで果たす役割が実際の開発プロセスの中で理解できるような教育は，少なくとも実務を経験していない学生を相手とした大学レベルでは容易ではない．しかし，将来の利用者になるであろう人に対してこそ本書のようなシステムライフサイクルの観点からの開発プロセスを教えるべきではないだろうか．
>
> [高橋ほか，2008]

システムライフサイクルに関わるプロセスはISO/IEC 12207，またそれに基づいて国内の事情を反映したIPAの共通フレーム2013などで規定されており，本書ではそれらの中で，企画から要件定義，開発に関わる部分を中心に取り扱っている．プロセスの組み立て方は多様であり，近年はインクリメンタルな開発やアジャイル開発が主流となっている．本書では，プログラミングなどの経験の少ない学生を対象に，限られた演習日数で行うという制約を考え，二度のイテレーションを行うことで演習を行う．また二度目のイテレーションに際しては仕様書の相互レビューを行うことで，開発するシステムの合目的性を議論，認識させるように組み立てている．

業務分析や要求分析に際しては，ビジネス目標に適したビジネスプロセスを定義し，そのビジネスプロセス上のどの部分をICTで支援することが有益であるかを検討し，システム化部分を決定する．システム化部分については，ユースケース図，アクティビティ図，ステートマシン図などのUML標準記法を用いてモデル化する．こうした演習を通じて，ビジネス目標が具体的な手段としてのシステム機能へと徐々に詳細化される過程を疑似体験する．本書ではアパレル販売を例題として，どのような顧客を対象としてどのようなビジネスを行いたいのかを検討し，販売のWebサイトの要求分析や設計を行う．

また単に要求定義や設計で終わらせることなく，実際に動作するWebサイトを実現する．ドキュメントやプレゼンテーションで素晴らしいビジョンを語っても，それを実現できなければ意味がない．これは経営システム工学科という「工学」の立場からは重要なポイントであると考えている．とはいえ経験の少ない学生がWebサイトを実現するのは敷居が高い．演習では最低限の機能を持ったWebサイトをサンプルプログラムとして提示し，サンプルに自分なりのカスタマイズを行うという形でWebサイトの構築を行うようにしている．

サンプルプログラムでは，サーバはオープンソースのリレーショナルデータベースH2を用い，HTMLやJSPを用いて処理を記述する．学生は自身のパソコン上でサーバを起動し，同じパソコン上でWebブラウザからそのサーバに接続するようになっている．1つのパソコンだけで動作するため，演習を容易に進めることができる．サンプルプログラムとして提供されるHTMLやJSPの定義ファイルを修正することでサイトをカスタマイズでき，また新たな定義ファイルを追加するなどにより，さらに新たな拡張を行うこともできる．実際，今までの演習では実に多様なサイトが作られている．なお，このサンプルプログラムは公開しているので，ダウンロードして活用していただきたい．公開に関わる情報は付録に示している．

本書の内容は，経営工学系，経営情報系の低学年の教科書として1週3時間の半期の授業を想定している．簡単なプログラミングの知識があることが望ましいが，必ずしも必須ではない．また，他の情報システム関連の知識は特に前提としていない．そのため，企業の「経営と情報」について実践的に学びたい人や，企業システムの開発プロセスの基本事項を実務的側面から体験したい人にも適している．

最後に，本書および本書のベースとなった授業に関わった方々やご協力いただいたすべての方にここに深く感謝する．特に本書のベースとなっている授業は，前著の出版時以来非常に多くの方々のご協力をいただいている．また，著者（野村）は現在非常勤講師として直接授業を担当しているが，本授業の意義をご理解いただき，快く講師の派遣を承諾してくださった（株）富士通研究所ソフトウェア研究所所長 上原忠弘氏にも厚く御礼を申し上げる．共立出版編集部の山内千尋氏には著者らの遅筆にも辛抱強くお待ちいただき，出版のためにご尽力いただき，ここに感謝する．

2020 年 12 月　著者一同

目　次

1. 歴史から概観する ICT の進展

1.1 情報通信技術の歴史的概観と情報化社会の進展

人は，狩猟・採取の旧石器時代には，獲物や農産物の収穫量を数え，仲間同士で分配量を決める計算をし，のろしや手旗，光を使って遠く離れた場所の仲間に情報を伝えた．大航海時代には，天体観測で正確な航路や時間を導き出した．それが 18 世紀から 19 世紀には，蒸気機関を基盤に新たな産業が創出され，生産，流通，消費などの社会構造の中で複雑な数値計算が求められるようになった．従来の手計算では正確な情報の処理が困難になり，機械に頼って情報を処理する技術が生み出された．20 世紀に入り経済社会が多様化する中，情報が新たな知識，知恵につながり，さらに新しい価値を生むとされた．そのような中で，エレクトロニクス技術，デジタル技術，半導体技術，ネットワーク技術の画期的な進歩によって，物事を素早く判断する社会が発達した．まさに**情報通信技術**（**ICT: Information Communication Technology**）を主役とした情報化社会の到来である．ICT は，コンピュータやデジタル機器を代表とするハードウェア技術，大量のデータを高速に伝達するネットワーク技術，ハードウェアのパフォーマンスを最大限に引き出すためのソフトウェア技術，利用する人とのインタフェース技術，システムを効果的に構築するシステム開発技術など，社会をデジタル情報化へと変化させる技術の総称である．

ICTの普及で人の生活や企業の経営スタイルが大きく変わった．特に1950年代から今日まで多くの企業がコンピュータやネットワークを利用するようになった．企業は，技術進化に牽引されるかのように，ICTによって企業経営を活性させる情報化投資を積極的に行う経営スタイルに変貌した．こうしてICTは企業経営の成長に必要不可欠な存在になり，経営に役立てる情報処理システムの構築が企業競争力を左右する重要な要素になった．

コンピュータが出現して以来，いつの時代もコンピュータは，人が行っている仕事や人が行えなかった仕事を代行する目的で利用されている．人とコンピュータとの関係は，今も昔も，ひとつの仕事に対して役割分担を明らかにし，相互が共同して成果を得る活動であるといえる．

1.2　コンピュータの礎が誕生

1.2.1　コンピュータ基礎理論とデジタル回路の誕生

ICTの代表格といえるコンピュータの基礎理論は，1844年にイギリスの数学者George Booleによって示されたブール代数である．これは，ONとOFF，1と0の二進値で状態を区別する理論である．後に1937年にアメリカの数学者Claude Elwood Shannonが，ブール代数を基に電気回路にかかる電圧が高い場合をON，低い場合をOFFとすることで回路の状態を1と0の二進法で論理演算するデジタル回路を示した．その後のコンピュータやICTの多くの要素技術は，このようなデジタル回路が集合した構造になり，すべて二進法を基本に設計されることになる．また，Shannonは，情報量の基本単位であるbit（ビット）を命名するなど今日の情報理論の礎を築いた．

1939年，アメリカのJohn Vincent Atanasoffと助手のClifford Edward Berryが，約300個の真空管を使った回路で二進計算を行う世界初のデジタルコンピュータABC（Atanasoff Berry Computer）を試作した．

1.2.2　コンピュータの五大装置

1945年，アメリカのJohn von Neumannが，コンピュータは**演算装置・制御装置・記憶装置・入力装置・出力装置**の5つの**ハードウェア**で構成されるとする五大装置の概念を発表した．

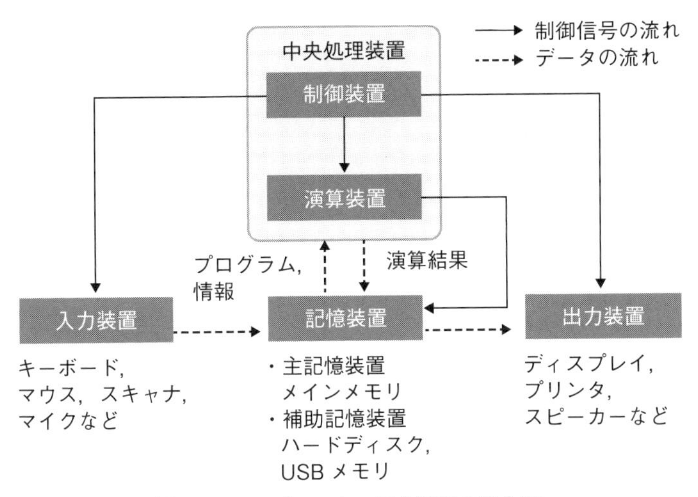

図 1.1　コンピュータの五大装置の概念図

基本的には，まずコンピュータは，人の社会で生まれるさまざまな情報と，それらの情報の処理手順を示すプログラムを入力装置で入力し，記憶装置に保存する．その後，制御装置と演算装置が，記憶装置に保存された情報を，保存されたプログラムに従って処理し，その結果が記憶装置に保存される．保存された結果は，出力装置によって人の社会に提示されるといった概念である（図 1.1）．

演算装置と制御装置は，コンピュータ内部のプログラムを使って回路状態の変化や記憶装置に存在する情報をプログラムに従って処理する装置であり，総称して**中央処理装置（CPU: Central Processing Unit）**と呼ばれる．

記憶装置は，情報を保存する装置である．保存する情報には，計算処理の対象となる情報だけでなく情報処理手順を示すプログラムも含まれる．

入力装置と出力装置は，コンピュータと人を結びつけるための方法や操作を実現するインタフェースであり，UI（User Interface）や HCI（Human Computer Interaction）を実現する装置である．人が扱う情報の形式とコンピュータが扱う情報の形式を相互に変換して人とコンピュータをつなぐ機能を有する．

1.2.3　実用型コンピュータの登場

1946年，戦時中の弾道計算を高速で行うことを目的にJohn William Mauchlyと John Adam Presper Eckert Jr. が**ENIAC（Electronic Numerical Integrator and Computer）**を開発した（図1.2）．ENIACは，約18,000個の真空管や10,000個のコンデンサなどで構成され，重量30 t，床面積150 m^2を超える巨大なコンピュータであった．ENIACは，計算の都度，エンジニアがデジタル回路同士をケーブルで連結するワイヤードプログラム方式で処理を指示していた．プログラムの保存や再利用はできず，簡単な四則演算プログラムを組むのにも1週間以上かかったといわれている．

同じ時期にJohn von Neumannは，ワイヤードプログラム方式によるエンジニアの手間を改善するために，コンピュータ内の記憶装置にあらかじめプログラムを保存し，逐次実行するストアードプログラム方式を考案した．

以降，ストアードプログラム方式で動作するコンピュータをノイマン型コンピュータと呼ぶようになり，今日のコンピュータ・アーキテクチャの原型になった．

1949年には，イギリスで世界初のノイマン型コンピュータとしてEDSAC

図1.2　ENIACを使う人たち
［Pennsylvania University Archives & Records Centerより引用，
http://hdl.library.upenn.edu/1017/d/archives/20020717006］

(Electronic Delay Storage Automatic Calculator) が開発され，続いてアメリカでEDVAC (Electronic Discrete Variable Automatic Computer) が開発された．

この時の記憶装置は，2 m程の水銀遅延管を用いて管の両端に超音波送受器を設置し，管の中に流れる音波の伝搬遅延を利用してデータを記憶する方法を用いていた．

1.3　トランジスタの発明と商用コンピュータの競争時代

1.3.1　トランジスタとICの発明

1948年，アメリカのWilliam Bradford Shockley Jr.，John Bardeen，Walter Houser Brattainの3人がトランジスタを発明した．トランジスタの材料は，電気を通す導体と電気を通さない絶縁体の中間性質を持つ半導体であり，代表的な物質にシリコン，ゲルマニウム，セレンなどがある．

1958年には，アメリカのJack St. Clair Kilbyによって，トランジスタ，コンデンサ，抵抗，ダイオードなどを組み合わせた電子回路を1つの半導体の中に実装する**IC (Integrated Circuit)** が発明された．世界初のICは，トランジスタ1個，コンデンサ1個，抵抗3個が，長さ3 cm，幅5 mm程の細長いゲルマニウム単結晶に組み込まれたものであった．トランジスタとICの発明によって，今まで真空管を使っていた電子回路の一部は半導体に置き換えられ，従来と比べて電気的な応答が速くなり，また故障も少なくなり，コンピュータの高性能化，小型化への取り組みが始まった．

1.3.2　汎用型メインフレームコンピュータの登場とIBM

1959年に，アメリカのIBM社はトランジスタを全面的に採用したIBM70シリーズを発表し，さらに1964年には，ICを採用したIBM System/360を発表した（図1.3）．IBM System/360は，1台で事務処理計算と科学技術計算を処理する世界初の**汎用メインフレームコンピュータ**であり，多くの企業の経営に利用され大ヒットした．IBM System/360が以降の汎用メインフレームコンピュータの原型といえる画期的なコンピュータとして，1977年にシェア66 %を占めた時期から，IBM社は国際的なコンピュータ企業として君臨するよう

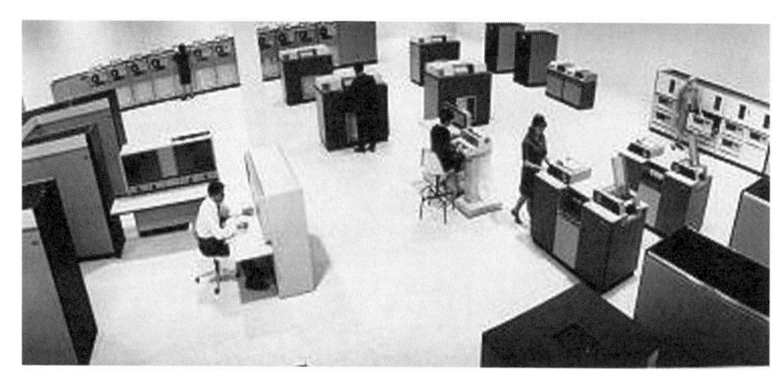

図 1.3　IBM System/360 Model 30
［IBM Archives より引用，https://www.ibm.com/ibm/history/exhibits/mainframe/mainframe_album.html#overlay31］

になった．

1.3.3　日本国内のコンピュータ事情

IBM社のコンピュータは，日本の国内企業にも影響を及ぼした．1960年代になると経営にコンピュータが重要であると認識されるようになり，大企業がコンピュータを導入する動きが広まった．企業による大規模な**オンラインシステム**での用途には，この頃の国産機では機能も性能も不十分であったため，多くの企業はIBM社のコンピュータを採用した．

国産機メーカー各社は，IBM社の技術を習得するために技術連携する動きを企てたが，IBM社との技術連携は難しく，国産機メーカー各社はIBM社以外の企業と連携してIBM社に対抗できる機種を開発するようになった．1960年代中ごろになって国産機も機能や性能が充実し企業での利用が進み，1964年には国産機による日本初の大規模オンラインシステムである国鉄（現JR）の座席予約システムMARSが稼働した．次いで電電公社（現NTT），製鉄所各社，銀行各社などの大企業が国産機によるオンラインシステムを相次いで稼働させた．

1.4　近代ICTの到来

1.4.1　LSI，VLSIによる小型化と高性能化の幕開け

トランジスタが発明されて電子回路が小型化したことから，複数個のトランジスタ，抵抗，コンデンサ，ダイオードを小さな半導体素子に組み込む集積技術が進化した．数十億を超える素子を1つの小さな半導体に組み込む大規模集積回路の**LSI（Large Scale Integration）**や**VLSI（Very Large Scale Integration）**が現れ，集積回路の製造技術が大きく躍進した．

VLSIは，コンピュータの五大装置の中で最も重要な部品であるCPUとメモリの性能を向上させることを目的に開発され，VLSIの性能向上に合わせてコンピュータシステム全体が性能向上した．また，LSIやVLSIの製造技術は量産が容易なため，これらを利用したICT製品の品揃えが伸びた．

1965年，アメリカのインテル社を設立した1人であるGordon E. Mooreが，集積回路が収容する素子の数が指数関数的に成長するとしたムーアの法則を提言するなど，この時代から日進月歩にコンピュータの小型化，高性能化，低価格化へと急激に発展した．

1.4.2　ソフトウェア技術の発展

高度な集積技術でコンピュータが高性能化し，高度で複雑な処理を高速に行うことが可能になった．コンピュータの五大装置を効率よく使用して複雑な計算を間違いなく高速に行うことを目的とした**ソフトウェア**の技術が誕生した．ソフトウェアは，物理的なハードウェアを制御し利用するための仕組みである．

ソフトウェア誕生の初期は，ワイヤードプログラムに始まりシャノンの基礎理論による二進数で計算処理を表現する機械語へと発展したが，1954年にJohn Warner Backusが人の言葉に近い高水準プログラミング言語のFORTRAN（FORmula TRANslation）を発明したことで，複雑な数値計算処理を論理的に記述することが可能になった．また，1959年には，事務処理用としてCOBOL（COmmon Business Oriented Language）が開発され，さまざまな企業の事務分野でコンピュータの利用が進んだ．その後も高水準プログラミング

言語として，手続き型のC言語，オブジェクト指向型のJAVA言語など，用途に応じてさまざまなプログラミング言語が開発された．

1.4.3　コンピュータ利用技術が加速

ハードウェアとしてのコンピュータを利用するためには，その利用目的を実現するためのソフトウェアが必要になる．ソフトウェアを大きく分けると，コンピュータの五大装置を制御して数値を効率よく処理する機能を持つシステム・ソフトウェアと，コンピュータで作業したい機能を直接的に実現するアプリケーションソフトウェアがある．

システム・ソフトウェアの代表的なソフトウェアに，**オペレーティングシステム（OS: Operating System）**がある．OSは，AT&Tのベル研究所のKenneth Lane ThompsonとDennis MacAlistair Ritchieらが開発し，1969年に発表されたUNIXが有名である．当時からさまざまな大学や研究機関で使われ，コンピュータやネットワークに関わる今日のICTにおける代表的なOSである．それ以降，Microsoft社のWindows，Apple社のmacOS，iOS，オープンソースのLinux，Androidなどが開発され，これらは，今日も盛んに利用されている．システム・ソフトウェアには，OS以外にミドルウェア，ファームウェアなどがある．

アプリケーションソフトウェアは，産業利用として販売管理，財務管理，生産管理，人事管理など企業活動の業務で使われるソフトウェアを指す．他に文書作成，表計算，プレゼンテーションなども挙げられるが，パーソナル分野で使われるようになるのはさらに後の時代になってからである．

1960年代からさまざまなシステム・ソフトウェアとアプリケーションソフトウェアが相互に関連を持ち，互いの機能や性能の高め合いを繰り返してICTの進化を支える主軸になった．

1.4.4　コンピュータのダウンサイジング

従来，メインフレームと呼ばれたコンピュータは，広い部屋に設置しなければならない程の大型であった．1970年代から徐々に小型化が施されたが，この頃のメインフレームコンピュータは，専用のハードウェアやOS，ソフトウェアを多く組み合わせて構築されており，システム全体のコストが膨大になっていた．これは，企業のコンピュータ利用を阻害する要因にもなった．

1980 年代後半から 1990 年代にかけて，さらに高度化した LSI や VLSI を用いることでコンピュータのサイズがより小型化，軽量化しつつ，機能や性能が飛躍的に向上した低価格コンピュータが出現した．汎用性が高い OS として UNIX や Windows が多く採用され，それらに関連するシステム・ソフトウェアやアプリケーションソフトウェアも汎用化が進み，企業の業務を遂行するための処理能力を十分に備えたものになった．しかも，広い設置場所は不要になり，システム全体としてのコストが大幅に削減できるようになった．

このことから多くの企業では，メインフレームコンピュータで実現していた業務を小型のコンピュータへと置き換える動きが盛んになった．企業の主要な販売管理，財務管理，生産管理，人事管理など企業活動のための多くのアプリケーションソフトウェアが小型コンピュータで動作するようになった．

1.4.5　パーソナルコンピュータの誕生

メインフレームコンピュータが相次いで小型化される時代になると，当初は電卓用に開発されたマイクロプロセッサを個人向けのコンピュータに搭載する動きが生まれ，1977 年には Apple Ⅱが発売された．Apple Ⅱは，入出力装置や記憶装置のハードウェアが一体化した，世界初の個人向けオールインワンの小型コンピュータとして，大量生産・大量販売が行われた．**パーソナルコンピュータ（パソコン）**の誕生である．

販売台数は，1978 年に約 8 千台，1979 年に約 3 万 5 千台，1980 年に約 7 万 8 千台，1981 年には約 18 万台，1982 年には約 30 万台と毎年倍々に増産され，1993 年までに生産以来総計約 500 万台が出荷された．Apple 社はこうしてパソコンの普及に貢献するとともに現在の礎を築いた．

Apple 社に遅れて 1981 年に IBM 社がパソコン市場に参入した．IBM 社は，インテル社の CPU や Microsoft 社の OS など多くの部品を外部企業から調達するオープン生産方式を採用した．さまざまなハードウェアやソフトウェアの細かなインタフェース情報を公開したパソコン PC-AT を生産，販売し，Apple 社を猛追した．その後，IBM 社はパソコン市場のシェアで Apple 社を抜き，PC-AT が実質的なパソコン標準になった．さらに，多くのハードウェアメーカー各社がIBM社のPC-ATを互換するパソコンを発売したことで企業や個人に広くパソコンが普及した．

コスト面では，1台のメインフレームコンピュータを購入するよりもパソコンを複数台購入する方がはるかに安価であった．しかも性能はパソコンの方が数段も勝っていた．従来のメインフレームコンピュータによる集中処理のシステム構造から複数のパソコンをネットワークで接続する分散処理のシステム構造へと変化し，コンピュータシステムのダウンサイジングが加速した．

また，パソコンは，macOSやWindowsなどをOSにすることでGUI環境になり，WYSIWYG（What You See Is What You Get）のユーザインタフェースによってコンピュータの利用がよりフレンドリーになり，個人利用が進み人々の生活の中に浸透していった．

1.4.6　クライアント・サーバとクラウドコンピューティング

初期の情報システムのモデルは，メインフレームコンピュータを中心に限られた範囲に集中して処理を行うモデルであった．その後，パソコンを代表にした小型コンピュータがネットワークに接続されて，分散して処理を行うモデルに変わった．このことから人々は情報システムを身近に利用することができるようになった．

複数のパソコンをネットワークに接続し相互に情報を処理する構造において，情報を受け取る側を**クライアント**，情報を提供する側を**サーバ**と呼んだクライアント・サーバモデルが情報システムの処理構造において主流のシステム形態になった．さらに広域にネットワーク接続された情報システムを図式表現する際に雲の絵が用いられたことから，雲の中に存在する見えないコンピュータ群が，相互に情報を交換し処理するモデルとして**クラウドコンピューティング**と呼ばれるようになった．

1.5　インターネットによって変化する経済環境

1.5.1　インターネットの誕生

コンピュータを代表とするICTの高性能化が進んだことから，複数のコンピュータを接続して，より複雑で高度な処理を実現させる技術の研究が行われた．**インターネット**の先駆けとして1969年にアメリカでARPANET（Advanced Research Projects Agency NETwork）が開発された．当初は，分散した国防基地のコンピュータを連携させるためのネットワークであったが，1983年に学術研究用のネットワークとして開放され，その後にNSFNET（National Science Foundation Network）での利用を経て今日のインターネットへと拡大した．日本も遅れて1984年に大学や企業の研究機関が参加するJUNET（Japan University NETwork）が稼働し，1993年，IIJ（Internet Initiative Japan Inc.）が日本初のインターネット商用サービスを開始した．

インターネットは，さまざまなコンピュータや情報機器を相互にネットワーク接続することで，さまざまなソフトウェアが情報交換できるように考えられたTCP/IP規格で，標準化された情報通信の仕組みである．情報機器が相互に接続，運用されている世界規模のネットワークを指す．1989年にTimothy John Berners Leeによって**WWW（World Wide Web）**が開発された．WWWは，HTTPとHTMLを用いて，文章や画像などの情報を複数のコンピュータの情報と容易に連携，共有する仕組みである．この技術でインターネットの重要性と利便性が高まり，急激に利用者が増加した．

Microsoft社が，インターネットへの接続を前提とするOSであるWindows95を発表した1995年から，個人が家庭でインターネットを利用するための環境整備が進み，世界的な普及を牽引した．パソコンが企業や家庭に浸透し，今日のインターネット社会の礎になった．

1.5.2　新たなインフラストラクチャー

さまざまなコンピュータや情報機器を接続して相互通信を行う場合，互いが間違いなく接続し円滑に通信するための規格に従う必要がある．

インターネット環境で代表的な規格に**イーサーネット（Ethernet）**がある．イーサーネットは，1983年に米国電気電子学会（IEEE）が，物理的なケーブルも含んだネットワークシステムの規格として標準化したものである．今日では世界中で一般的に使用されているLAN（Local Area Network）の標準規格になっている．代表的な規格に有線LANではIEEE802.3規格，無線LANではWi-Fiと呼ばれるIEEE802.11規格がある．

有線 LAN は，建物内や組織内のコンピュータや情報機器をケーブルで直接つなぐ構造で，インターネットが普及し始めたころの LAN は有線 LAN が一般的であった．通信状態が安定し 1 秒間に転送可能なデータ容量は数十ギガバイトの単位まで可能である．ただし，接続する機器の台数が増えることで，ケーブルの本数やケーブルを束ねるためのルーター，HUB などの通信機器の台数，その最適配置への配慮の問題，ケーブル切断や機器の故障が多く，十分な運用管理が求められている．

一方無線 LAN は，文字通りケーブルが不要になるため，有線 LAN のようなケーブル切断や通信機器故障による影響は少なく，運用管理面では良好な環境になる．しかし，転送可能なデータ容量は有線 LAN に比べて少なく，大容量データの転送では有線 LAN より時間を要する場合がある．また，場所によって電波が届きにくく不安定な状態になることもあるため，安定性確保やセキュリティ対策を十分に講じる必要がある．

とはいえ，今日は，無線 LAN が次世代の ICT の通信技術の主流である．現代では技術がさらに向上し，数十ギガバイトの性能を有する無線 LAN が出現している．無線 LAN の利用については，日本では，1985 年の電気通信事業法施行で民間に通信事業が開放されたことで携帯電話，スマートフォン，タブレット端末などが普及し，無線 LAN のニーズが急速に高まった．2018 年には，日本の携帯電話契約数が日本の総人口を上回った．

今日の ICT の普及に加え，空港，駅，飲食店などにおける無線 LAN の公衆サービスが展開され，企業のオフィス内や家庭内だけでなく，さまざまな場所でインターネットが利用できるようになった．こうしてインターネットは，今日の社会における重要なインフラストラクチャーの 1 つに挙げられるようになった．

1.5.3　人々の生活に浸透する最先端 ICT

1990 年代半ば，インターネットや ICT が急速に進化したことによって国境を越えた情報通信ネットワークのインフラストラクチャーの整備が進み，スマートフォンやインターネットが牽引して情報化社会が世界中に拡大した．人々が ICT に触れる機会が増え，ICT を利用する意識や行動が時間と場所の枠を超えて生活のさまざまな場面において登場するようになった．

日本では，2000 年代に光ファイバーケーブルによるブロードバンド通信，第 3 世代（3G）通信，第 4 世代（4G）通信へと通信性能が急激に伸び，世界でトップクラスの高度な情報通信ネットワークのインフラストラクチャーを有する ICT 大国になった．以降，2020 年に**モノのインターネット（IoT: Internet of Things）**のための新しい基盤ともいえる**第 5 世代（5G）通信**の環境設備も進み，最先端の ICT を駆使した新しいサービスが本格的に市場に投入され，人々は ICT によって新たな価値を創造する環境に身を置くことになった．

1.5.4　IoT が導く新しい情報化社会

2020 年ごろから，人々が生活する社会に存在する多くのモノや環境の変化を察知し操作する時代が始まった．街中に散りばめられた IoT デバイスが時間，場所，人物，場面，環境などの状況の変化を詳細に素早く把握することができるようになった．IoT デバイスで検出された膨大な情報を広く収集することで多様な環境同士をつないだ情報分析ができるようになり，さらに，それらのビッグデータを適材適所な解析に利用して将来を予測し，さまざまな場所，場面，環境にマッチした価値ある情報をリアルタイムに届けたり自動で操作したりすることができるようになった．

1.6　さまざまな実現技術

高度情報化社会では，ICT によるデジタル化が人類の生活や経済に多大な影響を与えた．その範囲は経済的な効果に限らず，スマートで安全な都市構築を実現させ，人々の暮らしを豊かにし，人材育成や職業訓練の機会を増やした．また，経済に対してさらに高い付加価値の創造へとさまざまな場面で期待が膨らんだ．言うまでもなく，ICT は日々進歩し，現在では要素技術として基礎研究段階にある技術が，数年先には社会に実装されて地域や暮らしに新たな変化をもたらすようになる．将来に向けた新しい社会を構築する基盤として ICT の存在は重要なポジションを占めている．

1.6.1　あらゆるモノがインターネットにつながる

ICT社会の構築において特徴的な技術としてインターネット技術がある．また，併せて，さまざまな機械からデータを収集するセンサー技術が，インターネット通信機能を搭載して従来と比べて小型化，低価格化，高性能化，省電力化へと進化して，容易に扱えるようになった．あらゆるモノがネットワークにつながる **IoT（Internet of Things）** の到来である．

人の感覚には，視・聴・嗅・味・触の5つの感覚があると広辞苑で説明されている．これらの五感を人に代わって機械が感じ取るセンサー技術がある．光，音，温度，圧力，流量などを検知して処理しやすい信号に変換する技術である．現在では，人の五感に近い多くの感覚を検知することができるようになっている（図1.4）．

従来では通信機能を備えていなかった車や家電，産業用設備，さまざまな日用品にまでインターネット通信の機能が装備されるようになり，モノのインターネット化が急速に進むこととなった．従来のパソコンやスマートフォンな

五感	検知対象	センサー
視覚	光明暗，色，立体，形状 静止物，動体物，顔，表情， 異物，面積，キズ，指紋 など	フォトセンサー，照度センサー， レーザーセンサー，赤外線センサー， 人感センサー，イメージセンサー
聴覚	音強弱，音高低，音色， 音源方向，言語，超音波 など	マイク，超音波センサー
嗅覚	におい，ガス など	においセンサー，ガスセンサー
味覚	甘味・うま味・塩味・酸味・苦味，辛味，渋味 など	味覚センサー
触覚	触覚，温覚，冷覚，痛覚，食感， 圧覚，振動覚 など	温度センサー，湿度センサー， ひずみセンサー，圧力センサー， 位置センサー，タッチセンサー， 傾斜センサー
その他 磁気センサー，加速度センサー，ジャイロセンサー，粉塵センサー，流量センサー， 距離センサー，角度センサー，方位センサー，脳波センサー		

図1.4　人の五感に対応する主なセンサー

どのICT専用機器だけでなく，あらゆるモノがインターネット通信の機能を持つようになった．

さまざまなセンサーが周辺の環境から検知したデータを収集，記録，伝達する．すなわち，人を介すことなく，モノとモノがインターネットで直接通信し，あらかじめプログラミングにより定められた事象であれば，人の代わりに判断さえ行うことも可能性である．

また，これらのモノがインターネットを介してコントロールセンターの情報処理システムにデータを伝達し，何らかの処理を施して離れた場所のモノを連携制御させることで，人々の生活を豊かに変える情報の生成や，実行機械への動作指示ができるようになる．

IoTの背景には，さまざまな環境の状態を検知するセンサー技術と，機械同士を連携させて新たな価値を創出する**M2M（Machine to Machine）**技術が大きく貢献しているといえる．以下の通り，IoTの活用に関してはさまざまな観点から考えることができる．

- 気象情報からドア・カーテンの開閉
- 産業機械の故障予知
- 植物の土壌水分量調整
- 冷蔵庫の食材消費期限アラート
- 車の通行量から迂回指示
- 忘れ物の捜索
- 自動販売機の在庫情報
- 機器や人物の位置検知
- 家電の遠隔操作
- 工場機器の稼働管理
- 農作物の収穫時期予知
- 介護・見守り
- 人が不在時の照明オフ
- 車載カメラやセンサーによる自動運転

1.6.2 インターネットを通じて収集されるビッグデータ

総務省が示した令和元年版情報通信白書によれば，**ビッグデータ**を特徴付ける概念として**Volume（量）**，**Variety（多様性）**，**Velocity（速度）**，**Veracity（正確性）**の4Vが挙げられており，これらが，データが価値を生み出す源泉といえる要素とされている．

Volumeについては，購入履歴を例に取ると，ある1人があるモノを1回購入した際のデータから分かることは極めて少ないが，多数の人の多数の購入履歴を分析すれば，人々の購買行動の傾向を見いだすことができる．これにより，人の将来の購買行動を予測したり，さらには広告等で働きかけることにより，購買行動を引き出したりすることが可能となる．

Varietyについては，企業で扱う形式化された定形データ，文書やメールなどの自然言語データ，機器による計測データ，センサーによる検知データ，ビデオ，静止画，音声，音楽，ゲームデータなどのデジタルコンテンツなどさまざまある．先の，購入履歴の例では，購入者の年齢や性別のみならず，住所や家族構成，さらには交友関係，趣味，関心事項といった何らかの形式のデータが入手できれば，より緻密な分析が可能となる．また，時間・場所・行動等に関するより細粒化されたデータは，このデータの価値をさらに高めることに利用できる．

Velocityについては，現在と同時的な予測システムへの利用が挙げられる．例えばGoogle社は，検索データを用い，ほぼリアルタイムかつ公式な発表の前にインフルエンザにかかった人の数を推計できるといわれている．また，気象庁では，レーダー観測された雨雲データとアメダスによる雨量データを相互に補正することで，現在からその後の雨雲が移動する方向や速度を予測することができている．

Veracityについては，例えば統計では調査対象全体の母集団から一部を選んで標本とすることが行われるが，ビッグデータでは，この標本を母集団により近づけることで，母集団すなわち調査対象全体の性質をより正確に推計できるようになる．

ビッグデータを特徴付けるとされる複数のVにはさまざまな見解がある．例えばGartner社は，Volume，Variety，Velocityの3つのVとしている．

IBM 社は，これらの 3 つに Veracity を追加して 4 つの V としている．

人の状態や行動に関するさまざまなデータは，パソコンのほか，広く普及が進んだスマートフォンを通じて記録・収集される．このようなデータには，どのような Web サイトを閲覧し，SNS でどのような投稿を行い，どのようなインターネット上のサービスをどれだけ利用したのか，といったサイバー空間上でのデータが含まれる．また，スマートフォンを常に携帯していれば，今日一日のうち何時頃にどのような所へ行き，どれだけ歩いたのか，階段は何階分上がったのかといった現実空間でのデータも収集可能である．このほか，IoT の導入が進むにつれて，人に関するデータに加え，モノの状態や動作に関するデータもセンサー等の機器を通じて記録・収集できるようになっている．このような機器には，家庭内の家電や住宅設備のほか，工場や建設現場における産業用機器も含まれる．

収集されたデータは，ネットワークを通じてコンピュータに送られ，分析される．近年，クラウドサービスの利用が進んでおり，分析を行うコンピュータは，家庭や職場といった目の届く所ではなく，クラウドサービスを提供する事業者のデータセンターに設置されているということも多くなっている．

分析されたデータは，再びネットワークを通じて実際に動作する機器に送られ，サイバー空間上や現実空間の中で，実際に活用されることになる．例えば，サイバー空間においては，その人個人の趣味や関心に沿ったおすすめの商品の提示という形で活用される．また，現実空間においては，分析された気温等のデータがエアコンに伝えられ，自動的に温度調整するという形で活用される．

データが価値を創出する一連のプロセスと仕組みについて，自動運転を例に示す．まず，人間の目や耳に代わり，車や道路，衛星等に取り付けられたセンサーが，走行経路上で起きていることをデジタルデータとして取り込み，瞬時に送信する．次に，車に搭載されたコンピュータが，過去に学習したデータに基づき，車の周辺で何が起きていて，何をすればよいかを瞬時に判断する．そして最後に，この判断を車の運転装置に伝達し，運転を制御するという仕組みである（図 1.5）．

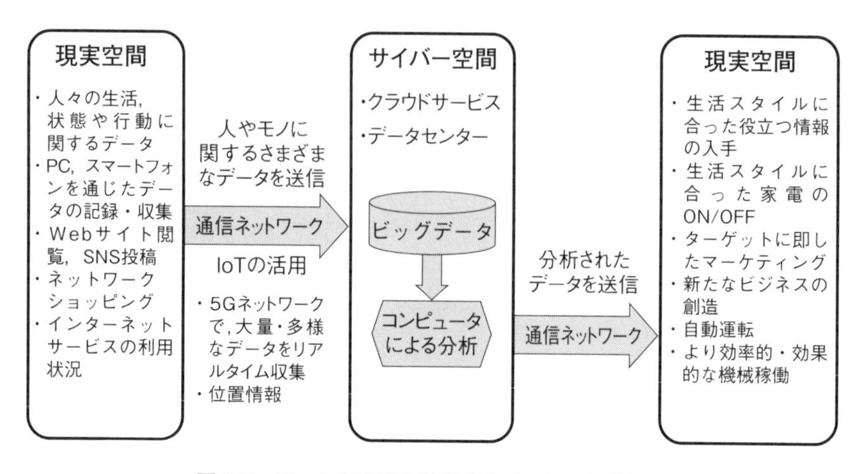

図 1.5　データが価値を創出するプロセスと仕組み

1.6.3　未知の発見からデータが価値を創出する

人工知能（AI: Artificial Intelligence）という言葉は，1956年のダートマスワークショップと呼ばれる研究発表会において，アメリカの計算機科学研究者のJohn McCarthyによって初めて使用された言葉であるとされている．以降AIは，時代とともに期待と失望という冬の時代を繰り返しつつ細々と関連研究が進んでいたが，ビッグデータやIoTの登場によってデータが新たな価値を創造する時代を迎えて目覚ましい研究成果がでてきたことから，再び注目を集めるようになった．

具体的な研究成果は，2012年にトロント大学教授のGeoffrey Hintonを中心とする研究チームが画像認識ソフトウェアの大会で優勝したことである．従来からこの大会では，誤認識率25％程度という成績で優勝レベルであった．Hintonの研究チームでは誤認識率は16.4％を導き出して2位に大差をつける高い精度で優勝した．この出来事がAIに対する注目を集めるきっかけの1つとなったとされている．Hintonの研究チームが使用したのは，**ニューラルネットワーク**という仕組みで，これは，神経細胞のネットワークで構成される人間の脳のように，神経細胞に相当する各ノードをいくつかの層をなして接続させる情報処理のネットワークである．このニューラルネットワークに入力した画像情報が，中間層と呼ばれるネットワーク内の処理を経て結果となる情報が出力されるように何度も処理方法を調整することで学習を積み重ねる考え方である．

また，Google 社の研究グループが，YouTube の動画から取り出した 1000 万枚のネコの画像を用いて，ソフトウェアに「ネコとはどのようなものか」を教えなかったにもかかわらず，ネコの画像に共通する特徴をニューラルネットワークの技術を用いて抽出し，ネコの画像を判別するようになったとする「キャットペーパー」と呼ばれる論文を発表した．

さらに，囲碁において，Google 社の子会社である DeepMind 社が開発した AlphaGo が 2015 年に初めてプロ棋士を破り，2016 年には世界トップレベルのプロ棋士との五番勝負では 4 勝 1 敗で勝ち越した．囲碁は，チェスや将棋に比べて盤面が広く，打つ手の選択肢が膨大であるため，人間を超えるのは相当先の未来になるといわれていた．この AlphaGo も，ニューラルネットワークの技術を用いることによってアマチュアレベルであったコンピュータ囲碁の水準を一気に高めることとなった．

このように，AI が次世代の先端 ICT というポジションを確立しつつあるが，AI に関する確かな定義がなされているとはいえない．一般に，AI は，人間の思考プロセスと同じような形で動作するプログラム，あるいは人間が知的と感じる情報処理技術といった広い概念で理解されている．**人工知能（AI：Artificial Intelligence）**の他にも，近年，**機械学習（ML：Machine Learning）**や**深層学習（DL：Deep Learning）**といった言葉がよく使われるようになっている．

AI の中心となっているのは，機械学習である．機械学習とは，人間の学習に相当する仕組みをコンピュータ等で実現するものであり，一定の計算方法に基づいて入力されたデータからコンピュータがパターンやルールを発見し，そのパターンやルールを新たなデータに当てはめることで，その新たなデータに関する識別や予測等を可能とする手法である．

例えば，大量のニンジンとジャガイモの写真をコンピュータに入力することで，コンピュータがニンジンとジャガイモを区別するパターンやルールを発見する．その後は，ニンジンの写真を入力すると，それはニンジンであるという回答が出せるようになるというものである．機械学習が AI とほぼ同義で使われている場面が多いが，あくまでもいわゆる AI の手法の 1 つとして位置付けられる．

また，機械学習の手法の 1 つに，深層学習がある．深層学習とは，多数の層からなるニューラルネットワークを用いて行う機械学習のことである．深層学習という概念は，あくまでもこの多層的なニューラルネットワークに着目したものであるが，深層学習により，コンピュータがパターンやルールを発見する上で何に着目するかといった特徴量を自ら抽出することが可能となり，何に着目するかをあらかじめ人が設定していない場合でも識別等が可能になったとされる．

例えば，前述の機械学習の例では，あらかじめ人間がコンピュータに「色に着目する」という指示を与えることで，より円滑にニンジンとジャガイモの識別が可能となる．深層学習では，この「色に着目する」とうまくいくということ自体も学ぶことになる．

深層学習は，あくまでも機械学習の手法の 1 つであるが，このように特徴量を人間が指示することなく自ら作り出す点が大きなブレークスルーであるとされる．しかし，深層学習においては，AI がどのような根拠により判断を行ったかを人間が理解することが難しいという点も指摘されている．前述した

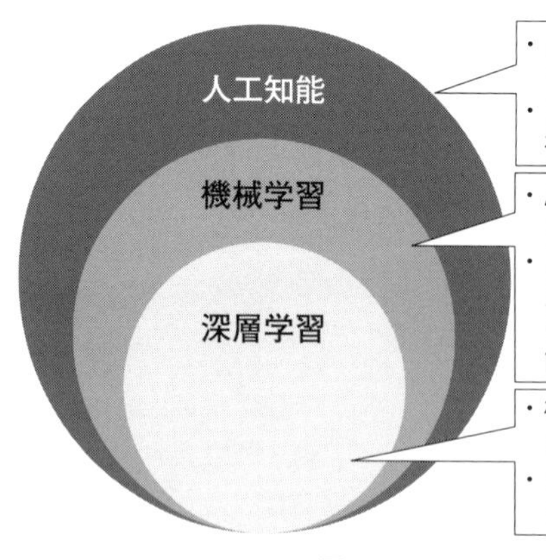

図 1.6　AI・機械学習・深層学習の関係

Hinton の事例やキャットペーパー，AlphaGo で注目を集めた人工知能は，深層学習という手法を使った機械学習が活用されている（図 1.6）.

このように，AI は，データから未知の発見を可能とする．2017 年に米国 NASA では，未知の惑星ケプラー 90i を発見したことを公表した．これは，ケプラー宇宙探査望遠鏡が収集したデータを用いて AI で分析して，発見されたものである．また，2018 年に米国エネルギー省の研究者グループでは，大量の遺伝子情報のデータを AI で分析して，約 6000 種類の新たなウィルスを発見したことをネイチャー誌で発表している.

1.6.4　現実と仮想の空間をつなぐ技術

近年，活用が進んでいる **VR**，**AR**，**MR**，**SR** などはいずれも R（Reality）が付くが，それぞれ異なる特徴がある（図 1.7）.

人々の生活に身近な存在となってきている **VR（Virtual Reality）** は，仮想現実といい，ディスプレイに映し出された仮想空間に，あたかも自分が実際にいるような体験ができる技術である．VR の発祥は，1930 年代に開発されたフライトシミュレーターともいわれる古い概念である．以降，ゲーム業界が牽引して，VR ゲームをはじめとした VR デジタルコンテンツが多く開発され，さまざまな種類のヘッドセットや VR ゴーグルが出現した.

VR は，仮想空間に利用者が飛び込んで，さまざまな体験を視覚以外の感覚

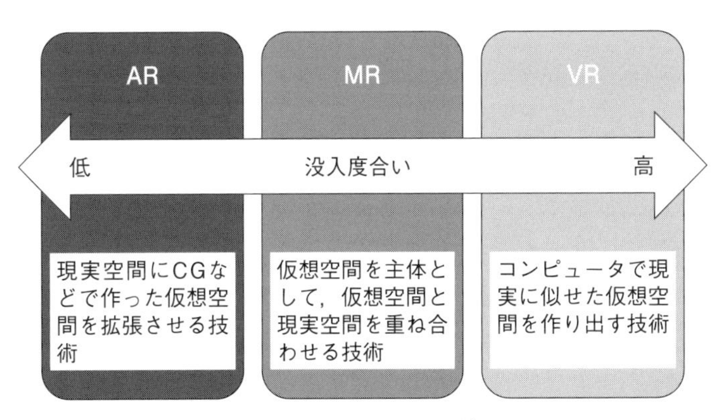

図 1.7　VR，AR，MR の違い

も活用しながら得られるVRゲームや動画などのエンターテインメント分野だけでなく，教育や広告，スポーツ，医療といったさまざまな分野で活用されている．例えば，遠隔授業であっても，まるでリアルな教室にいるかのような受講，難度や環境を変えながらフレキシブルで臨場感あるトレーニングやシミュレーション，難度の高い手術を世界中でシェアしながらの中継，購入前の住宅に家具を置いて生活を体験するなどの臨場感覚を仮想体験することかできる技術である．

AR（augmented reality）は，拡張現実といい，VRが仮想空間を作り出すのに対して，ARは現実空間にCGで作るデジタル情報を付け加えるもので，現実空間に仮想空間を拡張させる技術である．ARは，VRと違って，あくまでも現実空間が主体になる．ARの代表的なコンテンツに，スマートフォンのゲームアプリがある．カメラと位置情報を使って，画面内に現実空間の風景と仮想空間のキャラクターを同じ画面に映し出して，あたかもその現実空間にゲームのキャラクターがいるかのような体験ができるアプリである．利用者は，仮想空間キャラクターの出現が予想される現実の場所を移動しながら探索する．

MR（mixed reality）は，複合現実といい，仮想空間を現実空間に重ね合わせて体験する技術である．VRによって利用者が入り込む仮想空間に，ARで主体となる現実空間を重ね合わせて体験するといった特徴がある．主体は，仮想空間である．カメラを通して現実空間を仮想空間に反映させて，仮想空間の中に現実空間の情報を反映する技術であり，同じMR空間に複数の人が同時にその情報を得たり同じ仮想体験をしたりすることができる．MRの活用例としては，現実空間の位置情報を計測し仮想空間に実寸大の3Dデータを重ね合わせて表示する技術が登場している．これにより，製造業や建築業において，自由な角度からの観察や遠隔指示ができる仮想空間での事前検証が可能になる．

さらに**SR（Substitutional Reality）**は，代替現実と呼ばれ，ヘッドマウントディスプレイを活用して現実空間に過去の映像を差し替えて映すことで，昔の出来事があたかも現在，目の前で起きているかのような錯覚を引き起こさせる技術である．将来は，人の錯覚を引き起こすことで，人の心理，認知システムに関わる医療分野に役立つ可能性があるとされている．

2. Society 5.0 で生まれ変わる産業環境

2.1 デジタル革新で新たな社会に変革

2.1.1 産業革命の歴史

産業革命は，18 世紀後半にヨーロッパ諸国で始まった．まずは 19 世紀の初めに蒸気機関を活用して大量生産，高速輸送へと産業を変貌させた第一次産業革命に始まり，19 世紀後半に電力やモーターによる，より高度に成長させた第二次産業革命が続いた．20 世紀に入ると，コンピュータやインターネットなどの ICT によって産業革新を加速させた第三次産業革命が起きた．そして 21 世紀になって，**クラウド**や **IoT**，**ビッグデータ**，**人工知能（AI: Artificial Intelligence）**などデジタル技術の革新によって ICT が飛躍的に進化し，これまで実現不可能と言われていた技術が次々と開発され世界規模に発展し，新しいイノベーションを創造する第四次産業革命の時代へと進んだ．

2.1.2 日本が目指す未来社会の指針

第四次産業革命は，ドイツでは**インダストリー 4.0** として製造業のデジタル化が進められ，相次いでさまざまな国際社会に実装されていく中，日本でも現場のデジタル化や生産性向上を徹底的に進め，日本の強みを最大限に活用して国民の誰もが活躍できる要素が揃ってきた．そこで現代の大きな社会課題であ

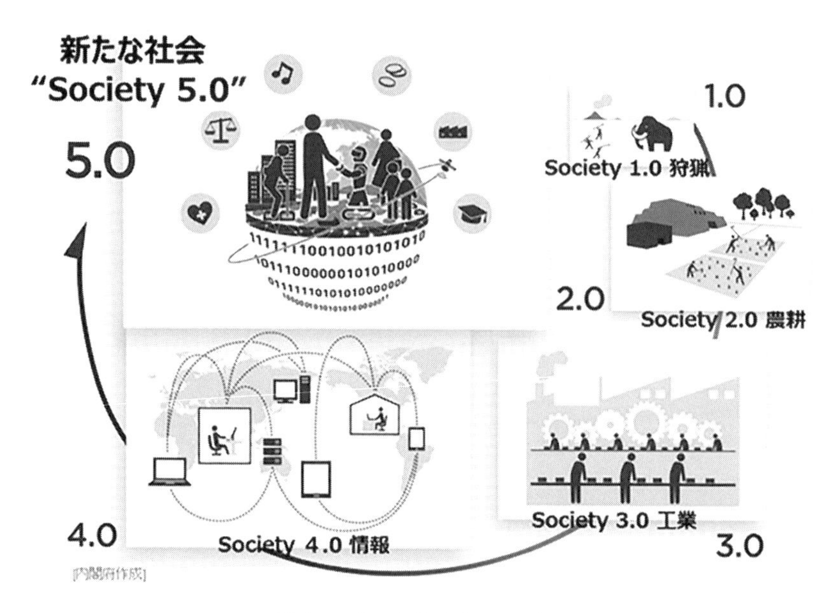

図 2.1　新たな社会 Society 5.0
［内閣府作成，https://www8.cao.go.jp/cstp/society5_0/］

る少子高齢化などのさまざまな課題解決に貢献できる次世代の社会構築を目指した日本ならではの新しい経済社会を構築し，それを **Society 5.0** と称した．

経済社会は，太古の狩猟社会（Society 1.0）に始まり，農耕社会（Society 2.0），工業社会（Society 3.0），情報社会（Society 4.0）へと産業環境が変化してきた．現代は，IoT，ロボット，AI，ビッグデータなどの新しいデジタル要素技術によってあらゆる産業や社会生活にイノベーションをもたらす経済社会に突入している．Society 5.0 では，日本が目指す新しい未来社会を提唱している（図 2.1）．

2.1.3　未来社会に生きる企業経営

社会が変化する大きな原動力に ICT の進展がある．現代の ICT は，IoT，AI，ロボット，ブロックチェーンなどのデジタル技術の進化によってさまざまなデータの発生や変化を契機に人間社会の有り様を根本から変化させる能力を有している．人々の生活や行政，産業構造，雇用などを含めて社会のあり方を根本から変える力がある．

また，ICTの使い方によっては格差拡大などの新たな課題を生むこともあるため，ICTの活用によってどのような社会を作るかがこれからの時代に求められる重要な課題である．このような中で，企業経営では，今まで以上にヒト，モノ，カネ，情報の経営資源の集中と選択を迅速に判断してさまざまな対策を講じる必要がある．

膨大化するビッグデータから企業経営に関わる情報を素早く把握し，状況に応じて戦略を転換するといった，リアルタイム経営への取り組みが企業の成長に向けた変革の波になっている．ICTの進化によって多様な人々の創造力を生み，課題解決，価値創造へとつなぐことが重要になってくる．（一社）日本経済団体連合会（経団連）では，Society 5.0で目指す社会として“課題解決と価値創造”，“多様性”，“分散”，“強靭”，“持続可能性と自然共生”の５つのキーワードを挙げて，それぞれのキーワードにおいてさまざまな制約から解放され，誰もが，いつでもどこでも，安心して，自然と共生しながら，価値を生み出す社会を目指すとしている．

(1)　課題解決と価値創造

これまでは，大量生産，大量消費による規模拡大と効率性，従来のルールや計画の遵守に重きを置いてきたが，これからは，一つひとつのニーズに応え，課題を解決し，価値を創造することを目指す．

(2)　多様性

これまでは，標準化されたプロセスに同化した平均的な生き方を求められてきたが，これからは，多様な人々が多様な才能を発揮し，多様な価値を追求することを目指す．

(3)　分散

これまでは，富や情報は一部に集中し，格差が拡大していたが，これからは，格差を放置せず，富や情報が社会で循環，分散することを目指す．

(4) 強靭

これまでは，自然災害，治安悪化，テロ，サイバー攻撃など脆弱性が顕在化していたが，これからは，多様化，分散化が進んだ新たな社会基盤により，強靭性が高まることを目指す.

(5) 持続可能性と自然共生

これまでは，地球環境への負荷が大きな，資源多消費型のモデルに依存していたが，これからは，持続可能な社会となり多様な地域で自然と共生しながら暮らすことを目指す.

2.1.4 デジタル化された新しい社会環境

経団連では，2018 年，デジタル化された財，サービス，情報，金銭などがインターネットを介して個人間，企業間で流通する経済をデジタル経済と称し，未来の産業創造の変化や社会構造の変革に向けた新たな価値創出への取り組みを推進させた．そのデジタル経済によって急速に ICT の技術革新を進展させて経済社会に大きな変化をもたらした．ICT の進化に伴うネットワーク化やサイバー空間利用などの飛躍的な発展は，産業革命ともいえる潮流の変化を引き起こしている.

Society 5.0 は，豊かさをもたらす未来社会の姿として社会の主たる人々に共有し，新しい社会を世界に先駆けて実現するための取り組みである．また，サイバー空間と人々のフィジカル空間を高度に融合させて経済発展と社会的課題の解決を両立させることを狙った，人間中心の新しい社会への提唱である.

IoT が大きな広がりを見せることで，人間によるフィジカル空間から ICT による IoT を通じてあらゆる情報がビッグデータとして集められ，新たな知識が創出されるようになった.

例えば，AI が膨大なビックデータを解析し，今まで全く想定されていなかった事象同士を融合させて，新たな高付加価値を人間社会にフィードバックする社会を挙げる．つまり，AI で今までにない新たな消費者ニーズを創出させ，今までにない新たな製品やサービスが絶妙なタイミングで市場展開される社会の創造である.

2.1.5 世界に先駆けた未来社会の実現

ICTが発展しネットワーク化やIoTの利活用が進む中，ドイツのインダストリー4.0，アメリカのアドバンスト・マニュファクチャリング，イギリスのハイ・バリュー・マニュファクチャリングなど，各国の製造業においてICT活用を軸に第四次産業革命を先導する動きが進められている．

日本が推進するSociety 5.0は，従来，個別に機能していたものがICTによるサイバー空間を活用してシステム化され，さらに分野が異なる異質なシステム同士が連携協調することで，自律化や自動化の範囲を広げ，社会の至るところに新たな価値を生み出すことを狙っている．生産，流通，販売，交通，健康，医療，金融，公共などの産業構造に今までにない変化をもたらし，人々の生活の有り様を変化させ，豊かで質の高い生活の原動力を形成する取り組みである．

特に，人々の暮らしが豊かになる社会を実現させるために，ICTによるシステム化やその連携協調の取り組みを，製造業だけでなくさまざまな業界に広げることで，経済の成長や健康長寿な社会の実現につなげることを重要視している．このような取り組みは，新たに生み出される科学技術としての先端ICT

図 2.2 Society 5.0が生み出す価値
［内閣府作成，Society 5.0「科学技術イノベーションが拓く新たな社会」説明資料より引用，https://www8.cao.go.jp/cstp/society5_0/］

の浸透をさまざまな場面で促し，これまでICTの活用が十分でなかった領域に対してビジネス力の強化やサービスの質の向上につなげるものとしている（図 2.2）．

2.2　Society 5.0 がもたらす変革と SDGs

Society 5.0 で，生活や産業のあり方は大きく変わる．社会的な課題解決や自然との共生を目指す Society 5.0 は，国連が採択した **SDGs（Sustainable Development Goals：持続可能な開発目標）** にも貢献しており，経団連では，2018 年に変革への提言書“Society 5.0 概要—ともに創造する未来—”を示した．その中で Society 5.0 for SDGs として Society 5.0 によって目指す各分野の変革の方向性を①都市・地方，②エネルギー，③防災・減災，④ヘルスケア，⑤農業・食品，⑥物流，⑦ものづくり・サービス，⑧金融，⑨行政の 9 つの分野において SDGs に貢献する具体的な社会像を例示している．2.2.1 項以降に 9 分野それぞれの社会イメージを概観する（図 2.3）．

なお SDGs は，国連で 2001 年に策定されたミレニアム開発目標の後継，そして，2015 年 9 月に，2030 年までに持続可能でよりよい世界を目指す国際目

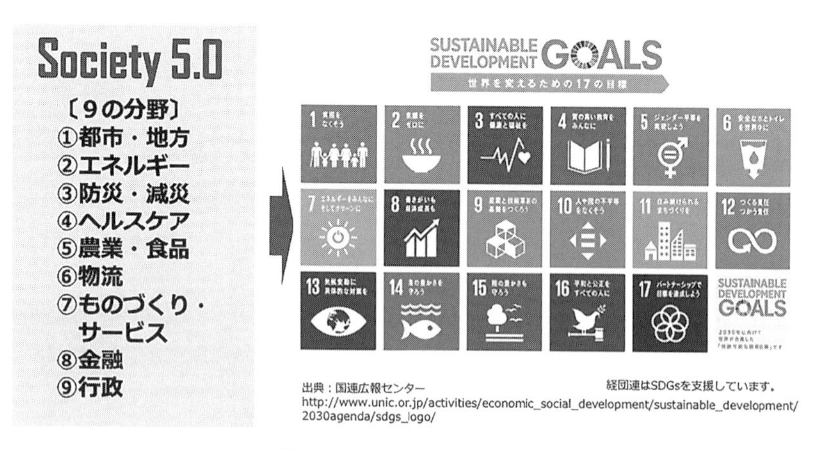

図 2.3　Society 5.0 for SDGs
［経団連作成，Society 5.0 概要—ともに創造する未来—より引用，
https://www.keidanren.or.jp/policy/2018/095_gaiyo.pdf］

標として「持続可能な開発のための 2030 アジェンダ」という名のもとに国連で採択された取り組みである．SDGs は，17 の大きな目標と，それらを達成するための具体的な 169 のターゲットで構成され，Leave No One Behind と称し地球上の誰一人も取り残さないことを誓ったものである．発展途上国のみならず，先進国自身が取り組む普遍的なものとして日本も積極的に取り組んでいる．詳しくは，経団連「企業行動憲章」(2017 年 11 月 8 日改定) を参照されたい．経団連は同憲章の改定にあたり，Society 5.0 の実現を通じて SDGs の達成を柱に Society 5.0 for SDGs を策定している．

2.2.1 都市・地方

多様なデータを共有し，今までにない新しい生活様式やビジネススタイルの舞台となる都市や地方の多様化を進めることでその魅力を高め，人々の生活を豊かにするスマートな都市を実現．また，都市のみならず，その周辺部や農村部で人と自然が共生する持続可能かつ豊かな地方も実現．医療と教育の高度化を支える新しい分散型の持続可能な社会基盤や，自動運転車の活用など日々の生活の中で多様なライフスタイルを実現させ，多様性を尊重する社会に変革させる．

2.2.2 エネルギー

あらゆる地域での持続可能な生活の実現に向け，多様なデータを活用することで安定的に効率よくエネルギーを供給するシステムを構築する．地域分散型の再生可能なエネルギーや蓄電システムなどのマイクログリッドと呼ばれる新しい発電システムの開発や，既存エネルギー網に依存しないオフグリッド化の基盤を構築する．人々の生活のあらゆる場所で，信頼性が高くクリーンで持続可能なエネルギーを供給し，スマートで多様な生活を支える．

2.2.3 防災・減災

自然災害の激甚化や広域化が著しい中で，安全で安心な暮らしを強靭化された社会の中で実現させる．災害発生時には，地域，官民，組織の枠を越えて IoT や SNS などを活用してデータ集結し，広範囲に災害情報を共有して被害状況や救援物資，避難所などの状況を的確に把握して迅速な対策を可能とする．社会基盤の老朽化を重点監視して減災対策を事前に実施し，上下水道やエネルギーを代表とするさまざまな社会基盤の維持と早期復旧を進め，災害時における高度な医療サービスの提供を実現する．

2.2.4　ヘルスケア

個人の身体や行動をウェアラブルセンサーで情報化し，人々が適切なタイミングで必要なケアを受けられるようにする．個人の健康状態に合わせて未病などの予防段階から適切なケアを提供し，発病や発病後の重症化を防ぎ寿命を延ばす．AI 医療や遠隔診療を普及させて，あらゆる場所で質の高いヘルスケアサービスを受けられるようにし，急病時は AI により迅速に適切な病院を決定し，搬送，治療へとつなげる．さらにこれらの技術やノウハウを途上国にも展開し全世界規模でヘルスケアに貢献する．

2.2.5　農業・食品

食を支える農業や食品産業を魅力ある自立的なものへと変革する．AI による農地の遠隔監視や農業用ロボット，自動走行ドローンなどの最先端技術を活用する．また，農作業時間の大幅な削減や作業効率を劇的に改善させる多様なビジネスを新たに創造させるなど，生産性を飛躍的に向上させる取り組みを可能にする．生産から加工，物流，販売，輸出に至るフードバリューチェーン全体を通じて技術革新させ，持続可能な分散型コミュニティの核を構築する．

2.2.6　物流

Society 5.0 時代においては E コマースが急拡大し，サプライチェーンのグローバル化によって物流の多様化，高度化が求められるため，例えば IoT や RFID などの先端技術を実装することで輸送情報をリアルタイムにトレースする．また物資の調達，生産，輸送，販売の情報をリアルタイムに共有し，AI を活用して需給予測を行いグローバル規模でサプライチェーン全体の最適化を図る．さらに自動走行やドローン，ロボットの活用によって人手を解放するなど，物流事業の枠や地域特性を超えた新たな価値を創造する物流を実現する．

2.2.7　ものづくり・サービス

デジタル革新により，デジタルコンテンツの供給が企業から個人へと拡大し，多様なものづくり能力やコンテンツ資産が流通する．このことで高度な製品やサービスを迅速に作り上げる環境が実現する．消費者の好みや拘りの強い製品は，従来製法に依存せず3D プリンタなどで好みのデザイン，素材，色柄，サイズの一点モノを手軽に作れるようにする．センサーなどのデジタル技術を組み合わせることで，多様なサービスとハードウェアを融合させ，新たなサービスを起点とする多様な価値創造を実現する．

2.2.8 金融

一人ひとりに合った多様な金融サービスの活用が可能になる．デジタル革新によって多様な手段でどこでも誰でも安全にキャッシュレス決済が可能な社会生活の基盤が整う．新興国を含むグローバルな範囲にも新しい金融サービスの活用を高め，生活の安定や経済的な自立を促し，生活水準の向上や所得格差の解消を実現する．資金が必要な産業へは金融システムの一層の安定化を図り，社会全体で効率的かつ効果的に資金を配分する．

2.2.9 行政

多様な生活や産業を支えるために，国，地方の行政でデジタル技術を活用したサービスの構築が進み，行政サービスが変革する．行政業務の多くを自動化し，多様な視点でデータ共有を迅速化することで，例えば人口動態や各種データ分析を通して保育所や学校，病院，老人ホームなどの需要を的確に予測するなど，より創造性の高い行政サービスへと変革する．また，行政のセーフティーネットを活用することで，誰もが生活を豊かにするためのさまざまな挑戦を安心して行えるようにする．

3. 企業と経営システム

3.1 情報化社会における問題解決の方策

ICTの進化で企業経営のさまざまな場面がデジタル化し，単なる電気的なデータの発生や変化が社会に大きく影響するようになった．現代の情報化社会は，このようなデータによって社会の根本的な動静や重要な判断に影響を及ぼすようになった．

情報工学に関する多くの文献を調査した論文“The wisdom hierarchy: representations of the DIKW hierarchy”によると，情報とその処理に関わる概念には，**データ（Data）**，**情報（Information）**，**知識（Knowledge）**，**知恵（Wisdom）**に区分化された観点から定義された基本モデルがあるという．

3.1.1 データ

データは，“世界の状態を単純に観察したもの，あるいは，いずれ情報になる生の事実，材料であって，それらの個々の事実や材料の間には，何の関係性もないもの”などと定義されている．つまり，データは，構造的な要素を持たない事実を示すシンボルとして定義され，それらが何らかの基準で関係付けられて使用可能になるまでは役に立たないシンボルである．

企業の現場で，いつ，誰，何，いくらで取引されたかなどの記録は単なる事実を示し，例えば時刻は，その事実を認識した時点の数値でしかなく，また価格は，商品にあらかじめ決められた数値のシンボルにすぎない．さらに，IoTなどのハードウェア機器においては，電気的に検出されるある瞬間の数値やOn/Off状態の事実を表すシンボルにすぎない．

つまり，データは，後に比較や分析に使うための材料であり，表現されている事実のシンボル自体は何の意味も持たない，数値自体もその瞬間に認識した事実であり，後に物事を判断，分析するための生の材料である．

3.1.2　情報

情報は，“適合性と目的を付与されたメッセージ，あるいは，文脈的意味を持って解釈，評価されたメッセージであり，判断や行為に影響を与えるもの”と定義される．つまり，情報はある文脈において，いつ，誰，何，いくつといった単語で始まる質問の回答に含まれるメッセージであり，ある目的のもとで意味のあるものとして解釈，評価されるメッセージである．情報は，情報を受け取る側の判断や行動における何らかの目的に対して意味を持つものであり，また，情報を発信する側では，情報を受け取る側の目的に対する適合性を考えて収集，整理，分析したメッセージを情報として扱う．

企業の販売業務では，ある時点における事実である「いつ，誰，何，いくつ」といったデータに対して，商品の販売状況を把握するとした文脈的意味を持たせると，これらのデータは，「○年○月○日○時○分に，○○さんに，○○商品を，○○個販売した」という情報に変化し，蓄積，集計，分析などの目的に応じた処理を行うことが可能になる．販売業務において的確に解釈，評価され，販売に関わる物事の判断や行為に影響を及ぼす情報になる．

また，天候状態を管理する目的で設置されたセンサー機器なら，単位時間あたりに検出される気温や湿度，雨水検知のOn/Offのデータを得ることができ，そのデータから現在の天候状態を把握し，天気を判断する情報になる．

3.1.3　知識

知識は，“情報の中から一般性，普遍性があるものとして評価され，貯蔵されたルーチンやプログラム”と定義され，情報をノウハウとしてあらゆる角度から分析し，新たな情報へと変換することを可能にするものである．一般性，普遍性があるかどうかは，経験，学習，価値観，専門的知見から判断され，他に蓄積された知識を経験し学習を重ねることで，更新され新たな知識として創造される特性を持ち，新しい経験や情報は識別，加工，活用，評価における枠組みやフィルターとして機能する．企業組織や学校などでは，日常の業務や慣行，規範，行動の中に暗黙的に埋め込まれた知識も存在し，それは，指導，指示される中から伝達される隠れたインテリジェンスでもある．

例えば，企業の販売業務では，商品の販売状況を把握するための多くの情報を分析する．その結果，ある商品を軸にすると例えば，4月から翌3月までの売上情報から「春に販売数が多い」とか「平日は8時，12時，17時に需要が多い」などの販売実績による知識が生まれる．

また，過去の天候情報を集計すれば「毎年10月10日の晴れの確率は90％以上である」などの知識になる．

3.1.4 知恵

知恵は，“人が持つ知識の効果を高める能力で，新たな価値を生み出すものであり，物事の理を悟り，適切に処理する能力”と定義され，豊富な知識から現実のさまざまな現象を識別するとともに，それらを総合的に把握して全体を判断し適切な行動を可能にする超越的な能力である．データから情報が生まれ，情報から知識が生まれ，知識から知恵が創造される．特に知恵は，知識を人間的に解釈して蓄えるとともに，絶えず更新されながら，その特性を社会活動に活用する能力である．

例えば企業では，販売業務の観点で4月から翌3月の年間売上情報の分析から得たさまざまな知識を基に地域別，時期別などの軸で解釈して今後の需要予測を立案する．さらに，一見，異分野ともいえる年間の天候情報から得た知識を統合させると，天候によって販売状況が変化する製品などでは，より現実的で精度の高い需要予測ができる．その結果，他社に先駆けた新しい戦略立案が可能になり，他社との競争優位性の確立につながる．

3.1.5 DIKW階層におけるビッグデータ

前述した通り，データ（D），情報（I），知識（K），知恵（W）の間の関係性を示す基本モデルは，データから情報が生まれ，情報から知識が生まれ，知識から知恵が創造されるとしている．中でも，起源となるデータは，現代では，今までのデータ管理システムでは記録や保管，解析が難しい膨大な**ビッグデータ**と化している．一般的にビッグデータは，単に量が多いだけではなく，多様な種類や形式が含まれる非構造データ・非定型的データであり，日々リアルタイムに時系列に生成，記録されるデータとされている．従来，このようなデータは，コンピュータによるデータ管理システムでは管理しきれないため，見過ごされていた．現代では，ICT の発展によってそのようなデータ群を瞬時に記録，保管し，即座に解析することが可能になり，ビジネスや社会に有益な情報に加工したり，知識として蓄えたり，新たな判断材用としての知恵につないだりと，これまでにない新しいシステムが創出される可能性が高まっている（図 3.1）．

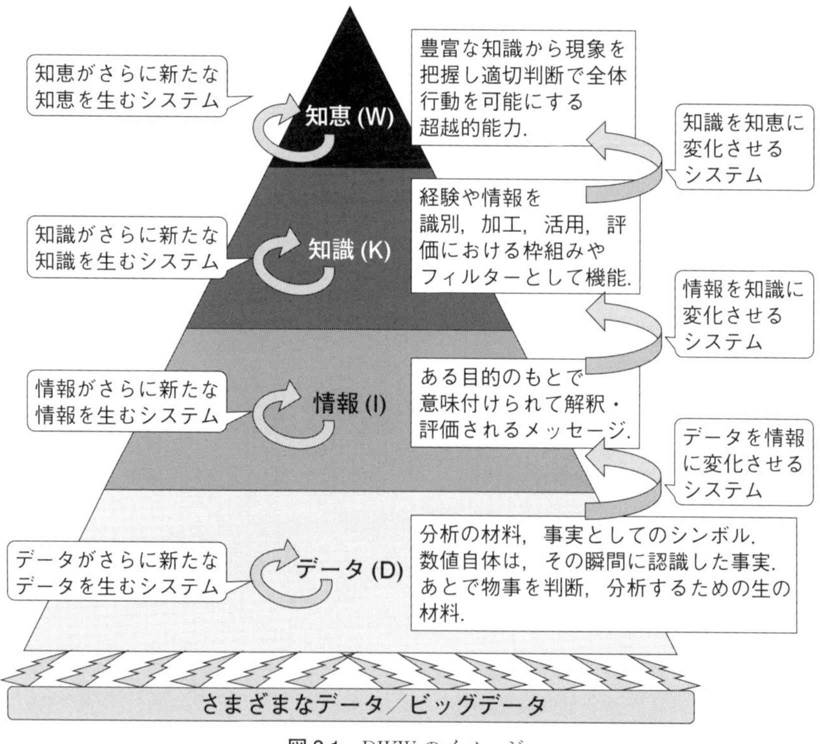

図 3.1　DIKW のイメージ

3.2 企業を取り巻く産業環境の変化

産業環境がデジタル化へと変化することで，企業経営の多くの活動においてで地球規模の対応力が求められる．企業経営では，**ヒト**，**モノ**，**カネ**，**情報**の四大資源を選択と集中の判断を迅速に行い，それらの資源を最適配分して課題解決への活動に対してさまざまな戦略を経て目標達成に邁進している．経営では欠かせない合理化への戦略を強化しつつ，成長への新しい戦略の立案を繰り返す．経営に関わるさまざまな情報を素早く把握し，状況に応じて進路をリアルタイムに見極めながら経営判断するスピーディな経営の動きが現代の企業変革の波になっている．

3.2.1 企業と経営システム

企業の活動は，さまざまな人や組織が協調しあうシステムとして営まれている．こうした人の営みとしての経営を行うシステムを経営システムと呼ぶ．

日々様変わりする経営環境の中で経営システムは，ICT の進展に応じて最新のハードウェアやソフトウェアの技術を活用して経営戦略を支える新しい仕組みに変える必要がある．例えば，間接部門を合理化し，今まで人手で行っていた業務のシステム化やアウトソーシング化を進めることになる．また，新しいビジネススタイルに対応するため，既存の経営システムの再構築も必要になる．経営の方法が変わると，それに応じた業務遂行方法へと変化し改善しなければならない．そこで企業体や業界の全体動向を見渡した経営システムの改善が重要になる．そのためにも，日々進化する ICT をタイムリーに経営に取り入れ，それらを活かした経営改革が求められる．

企業で活用している ICT は，従来では数千万～数億円もする非常に高価なコンピュータのハードウェアだが，CPU やメモリなどの半導体部品の製造技術が高度化し，同等以上の処理能力を備えたことで，急激にコストパフォーマンスが高まった．パソコンやタブレット端末として大幅に桁を下げ，数万円程度で一人ひとりのテーブルの上や掌の中に置かれるようになった．また，コンピュータが扱う情報の表現方法も，マルチメディア処理技術の進化でテキスト表現から静止画，音声，動画へと変化し，意思伝達力がより優れた情報を得られるようになった．さらに，大容量で高速なインターネットの普及によって場所や時間を意識することなく誰もが迅速に多くの情報を入手したり提供したりすることができるようになり，情報伝播能力が高まった．

このように，ICT の急激な進化によって一人当たりの処理能力が飛躍的に増大し，企業の経営においてさまざまなアイデアが生まれるようになり，新しい経営の世界が次々と拓けてきた．

3.2.2　デジタル革命時代の企業の動向

企業では，一人ひとりに高性能なコンピュータを配備することで，従業員単位の処理能力が増大し，膨大な処理能力を生み出す環境になったといえる．また，個々の処理能力を最大限に活用するために，Web，SNS，グループウェアなどの情報を共有する情報リテラシーを高める動きが盛んに行われた．従業員一人ひとりの情報リテラシーを高めることで個々の能力を巧みに連携させながら効率よく業務を遂行する方法へとワークスタイルが変化し，業務の重複や無駄を排除して多くの冗長的な活動が改善された．従業員が自ら遂行すべきコア事業の業務に傾注することで，企業全体のポテンシャルが高まり他社との競争力優位性につながっている．

ICT によって経営環境が大きく変化し，各企業は知的創造型の企業へ転換したことで，従来の“安くてよいものを追求して競合に打ち勝つ”という戦略が崩れてきた．経営の本質は，昔も今も踏襲されるが，メガコンペティションの時代では，従来の戦略だけでは不十分になった．加えて“競合しない領域への進出を意図する新しい事業戦略の展開”が経営戦略上で重要になった．つまり，顧客の潜在的な要求を発見し，それを迅速に可視化させて具体化することや，顧客にとって新しい価値を創造する新商品の開発に焦点を当てることが重要になった．

そのために，顧客からの生の情報が澱みなくスピーディに社内の生産部門につながる仕組みを構築し，現場の生の情報を社内に浸透させて各部門の知的創造を醸成する戦略が求められるようになった．さらに，従業員同士や組織同士が，それぞれの知的創造の原動力を互いに刺激し合ってスパイラルに創造的な思考を発展させる対策や仕組みが必要になる．

顧客からのクレーム情報や地域の情報，多様に発生するビッグデータを基にした情報，従業員の日常から生まれる情報など，さまざまな情報を知的創造型の経営に活用することで，新しいビジネスを創造する仕組みが求められる．現代は，従来の“皆が，汗を流す企業”から“皆が，知恵を出し合い創造的な発見をし，新しい物事を創造する知的創造な企業”へと転換する時代である．

3.2.3　経営と ICT の関係

メインフレーム時代の ICT は，企業経営を側面から支援する黒子として位置付けられていた．例えば，電算センターに設置され，従業員の給料を計算して結果をプリントアウトし配布する単なる道具であった．

しかし，現代の ICT は，企業が勝ち残っていくために欠くことができない重要な経営手段である．90 年代後半からインターネット技術や Web 技術が牽引して企業の多くの業務が Web 化されるなど，ICT が経営に占める役割が高まることでビジネススタイルが急速に変わった．例えば，インターネット技術や Web 技術を用いたオンラインの販売業務である E コマース（電子商取引）を紹介する．これは，インターネットに接続された端末などの Web の画面にさまざまな商品を陳列し，顧客が好む商品を選んで購入するといった商品販売の一連の業務，さらに商品を購入した顧客情報を管理する業務などが多くの ICT を活用して統合的に構築された取引である．ICT が止まると多くの業務が停止することになり事業が成り立たなくなる．

このような E コマースの例だけでなく，企業内のさまざまな業務を遂行する場合にコンピュータを代表とする ICT を利用しなければ業務が成り立たなくなっており，経営と ICT の関わりがより深くなっている．言い換えると，経営と ICT が乖離すると円滑なビジネスができなくなる．もはや，ICT は企業が生き残るためには切り離すことのできない重要な経営手段である．

3.2.4　経営目標と経営システム

企業経営は，企業としての事業拡大，業績伸長，利益創出，スピード経営，効率的革新，企業繁栄，社会貢献，顧客満足，従業員満足等々の経営の課題解決に向けて，ワークスタイル，業務プロセス，ビジネスモデルなど，全社が一丸となって改革・創造を繰り返し，企業とその周辺の社会環境にとって高い価値が得られる経営システムを策定し実施することである.

経営システムは，企業の経営課題を解決するシステムを指し，それは人間，コンピュータと機械設備などのモノで構成され，仕事の流れである業務プロセスを含むものである．経営課題を解決するシステムであると同時に，経営目標を実現するシステムでもある.

それらを踏まえて，経営システムの策定は，ICT による社会基盤を整備し，企業の経営革新につながる事業目標を実現させる手段として基幹システムの見直しや再構築を行い，新しい時代に対応した経営システム，つまりエンタープライズシステムとして企業の経営目標を達成するための最良の手段として永続的に策定しなければならない.

経営システム工学は，一般に，“人間工学や社会性などの人間社会に関する学問であり，情報工学やソフトウェア工学などのコンピュータソフトウェアや情報通信等に関する学問でもあり，機械・設備や電気・電子工学等のハードウェア技術におけるモノに関する学問でもある．つまり，これらを総合的に捉えた科学的な学問”として定義されている．人間系，コンピュータ系，機械設備系を対象とするさまざまな技術や，経営システムの設計，開発，運用，保守および改善，管理等のシステムライフサイクル全体を捉えた学問なのである.

3.2.5　経営システムの立案と課題解決へのアプローチ

経営システムは，さまざまに移り変わる技術革新や，企業の経営環境の変化を敏感に取り入れ，企業経営において世の中の動向から遅れず道筋からも外れずに課題解決に取り組み，経営戦略を決定し，実行し，結果を出し，見直し，改善策を決定し，実行し，といったことを繰り返すことができる循環システムを構築することであるといわれている．この循環をバランスよく保ち，個々の業務やシステムのばらつきを減らして経営革新を加速し続けることで企業経営をコントロールすることになる.

経営システムの立案は，経営目標の達成と業績の向上・発展を支えることを目的に行うものであり，経営にとって最適な改革を実現させるために行う．また，経営システムは従業員が仕事をするための基盤となり，日常業務に変革をもたらすものでもある．さらに，企業や組織の内部と外部との間で経営上の情報交換がスムーズに行われるようにするものでもある．また，経営システムの構築は，低コストで短期間に行うことができ，柔軟性且つ拡張性に優れているものが望まれる．

経営システムの立案をこのような観点で戦略的に考え，企業を取り巻く環境の変化にスピーディに対応することで継続的な経営革新を可能にし，業務構造，業務プロセス，従業員意識等の企業の特性に合わせて軌道修正することが重要である．

経営システム構築の実現が最終目標ではなく，継続的に変化していく社会環境に合わせて革新を続けられる基盤が整うということが大切であり，経営システムを企業の変革や価値創造の基盤として捉えることが重要である．

経営課題を解決させるためのアプローチを考える場合，経営とICTが密接に関わってきていることや，経営革新の手段として全体最適なシステムを構築するという背景を踏まえると，経営者や現場の担当者とシステムを構築するシステムエンジニアや経営革新を支援するコンサルタント等との間で相互に共有できる思考基盤が必要になる．課題解決への代表的な思考アプローチでは，まず，現在のシステムを把握した“**現在の状態（As-Is）**”と，あるべき姿として，これから提案し実現させるシステムを示す“**目標の状態（To-Be）**”を明確にしている．すなわち，企業経営に着眼して，“現在の状態”と“目標の状態”の経営システムのモデルを示している．課題は，“現在の状態”の不満を解消することであり，また，“目標の状態”を早く実現させることと捉えて考えるということである．

経営システムへの要望は，“現在の状態”に潜在する不都合なことや不満だったりする．それらの不都合や不満の解消，またどのように改善すべきかといった目標は，経営システムの利用者になる経営者，従業員，顧客からでないと引き出すことができない．経営システムの要求事項を正確に定義するためには，それを利用する人の参画は不可欠である．

改善に向けた課題抽出の第一歩は，利用者が抱える“現在の状態”の不都合や不満をどのようにして解消するか，また，“目標の状態”をどのようにして実現させるかを具体的な視点で取り上げることから始まる．ここで注意しなければならないのは，利用者からの要求事項が不完全・不正確だと，最終的に不

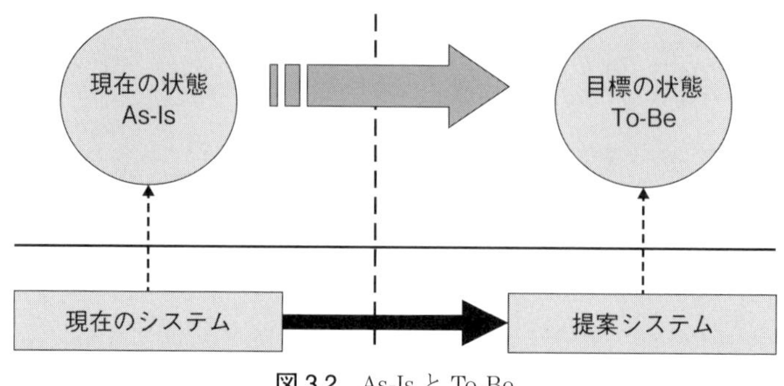

図 3.2　As-Is と To-Be

完全・不正確な経営システムになってしまうということである．課題抽出の段階で利用者に積極的に関与させることが，経営システムを正しく実現させる成功の鍵になる．また関係者同士が相互に分かり合えるように情報を共有し合意しながら構築しなければならない．

“現在の状態”は，現状システムの全体構造を目で見て分かるように可視化したもので，企業の業務やデータの流れ・構造をモデルとして表現したものである．モデル化の作業の中で対象とする経営システムの現在の全体像を把握するとともに，全体像に内在する曖昧性や重複性を排除して課題を浮き上がらせる．

“目標の状態”は，“現在の状態”を描くことで顕在化した課題を捉え，各種の課題が解決された姿，すなわち，あるべき姿を可視化するものであり，経営が改善された状態をモデルとして表現する．

そして，“現在の状態”から“目標の状態”へ改善させる移行期間にいくつかの段階を設けて，それぞれの具体的な実行計画を踏まえて確実に実行することが求められる（図 3.2）．

3.3　情報技術の進展と企業システム

進展を続ける ICT は，産業環境に多大な影響を与えるとともに企業のさまざまな業務活動のあり方にも大きな影響をもたらした．企業の業務における ICT の利用は，ネットワーク技術を基盤としたインターネットを活用し，コンピュータ同士が容易につながるようになったことで，多くの業界や企業において実践され，大きな効果を上げている．ICT が企業経営に浸透するようになって第一に期待される役割は，業務の自動化である．業務の自動化は，企業の経営システムにおいて最も基本的な機能であり，この機能を果たすことにおいて経営システムは成果を導いてきた．コンピュータが経営の場面で活用されるようになってから現代に至るまで，コンピュータと人間の役割を意識しながら，業務の自動化が進められる．

中でも，企業の経営システムのうち，企業の事業や業務の根幹に直接関わる販売，在庫，生産，人事，財務などを扱うシステムを基幹業務システムあるいはミッションクリティカルシステムと呼んでいる．これは，企業の業務やサービスの中核となる重要なシステムである．基幹業務システムは，企業が存続する限り稼働し続けなければならない特性がある．利用開始後の改良を極力少なくする必要があり，最初から十分に高い完成度が要求される．経営方針の変更や業務改善による変更，定期メンテナンスなどでやむを得ない場合を除いて一度完成したシステムは長期にわたってそのまま使い続けることが多く，中には24 時間 356 日無停止で稼働させなければならないシステムもある．

以下に，企業で活用される代表的な基幹業務システムを概説する．

3.3.1　販売時点管理システム

小売業界における代表的な販売管理システムとして，**販売時点管理システム（POS: Point of Sales）**がある．販売場所となる小売店舗に POS レジを設置し，顧客が商品を購入する度に売れた商品名，売れた時間，売れた数，売れた時点の天気，その買い物の合計金額，買った人の年齢層などの販売実績データを蓄積して蓄積した内容を集計・分析し，在庫管理システムや物流管理システム，顧客管理システムなど周辺の関連業務にデータをつなぐことで小売店舗におけるジャストインタイム経営やゼロ在庫経営などの経営上の判断材料を提供するシステムである．

また，最近増え始めたキャッシュレス化への動きから，ポイント機能を持った電子マネーカードとの連動を可能にしている．各種カード会社や E コマース企業などが運営するポイントカードと連動し，提携店舗同士で共通してポイントが使えることは勿論，店舗独自のポイント機能を付加することも可能になった．そのことから，販売時点で得られるデータの種類が充実し，顧客との関係性をより深く保つことが可能になった．

3.3.2　供給連鎖管理システム

企業同士が関連してつながるサプライチェーンにおいて，各企業に散在するさまざまなデータや情報の共有・活用をし，各企業に内在する課題を相互に補完し合う**供給連鎖管理システム（SCM: Supply Chain Management）**がある．

これは，単一の企業だけでなく，サプライチェーン上に存在する小売店舗やさまざまな企業同士がネットワークを利用してデータを共有し，それに基づいてサプライチェーン全体の活動を最適化するものである．SCMは，ある製品やサービスに関して，原材料の供給業者，メーカー，卸売業者，小売業者を経て最終消費者に至るまでの企業間の活動における需要と供給の企業連鎖の中でデータや情報を管理するシステムである．

SCMの特徴は，在庫管理，製造から販売，出荷から物流といった業務のつながり全体を最適化することで，中でも在庫管理の最適化は，大きな効果を生む．例えば，仕入れや販売など在庫以外の情報も在庫管理に結びつけることで常に最適な在庫数を把握することができる．その結果，キャッシュフローがよくなり出荷までのリードタイムが短縮され，顧客満足度を高めることにつながる．

また，企業を跨るサプライチェーンに散在する人材情報を一元的に管理することで，人的リソースの過不足が把握でき，サプライチェーン全体において人的リソースの最適配分と有効活用が可能になる．

サプライチェーン全体の情報を可視化することができれば，仕入れの適正数量や，小売店舗への最適な配送タイミングなどさまざまな情報を知りうることができ，無駄なコストを発生させずに仕入れから出荷までの業務が最適化でき，物流コストの大幅削減にもつながる．

3.3.3　顧客関係性管理システム

顧客のデータを活用した**顧客関係性管理システム（CRM: Customer Relationship Management）**がある．CRMは，顧客との関係性を重点においた経営手法であり，企業内や，関連する企業間で顧客データを共有させ，企業グループ全体を通じて顧客サービスを向上させ，顧客満足を高める活動である．

CRMでは，顧客の性別，年齢，職業などの個人情報，直近の来店日，購入内容，購入金額などの購買履歴情報，従業員の接客メモなどさまざまなデータを収集している．

それを基に例えば，一定期間内にターゲット顧客から人気があった商品の分析やキャンペーンの売上効果分析など今後の事業戦略で利用する情報を生み出すことができ，企業にとって長期的に利用する顧客を増やしたり，他社と差別化したりするための戦略に活用される．さらに，1人の顧客の購買傾向を詳細に分析することで，顧客の好みに応じた情報発信や商品の宣伝をタイムリーに行うことができ，結果的に顧客の購買意欲を高めることにもつながり，顧客との長期的な関係性を最良に維持することができる．

また，電子マネーカードなどと会員管理を併用させることで，ポイント運用の期待感を通して，顧客の囲い込み戦略に取り組む企業もある．

3.3.4 生産管理システム

製造業の多くの企業では，**生産管理システム**が稼働している．これは，販売計画を基にして製造数を予測し，その生産に関わるさまざまなデータや情報，例えば，仕入先，生産個数，生産期間，人員配置，工程管理，品質管理などを利用して経営資源の最適配分を計画し，また，その生産の工程が順調に進行しているかなどの進捗管理を行うシステムである．

一般的な製造業の生産管理システムの流れを説明する．まず，原材料の仕入れのステップにおいて，生産計画に基づいて原材料業者に何を，何個製造して，いつまでに納品してほしいといった情報とともに発注する．原材料業者から納品された原材料を原材料在庫として管理し，生産現場の需要に応じて供給する．部品の1つが完成すると，仕掛部品在庫にするか次の工程に供給する．このステップでは，何が，何個製造されて，いつ，どこに供給するのかという情報とともに管理する．さらに，いくつかの工程を経て完成品ができると完成品在庫として管理され，出荷するのを待つ．このような一連の流れに，さらに，販売管理や原価管理といった業務も加わる．生産管理システムは非常に多くの業務を行うシステムである．

生産管理システムは，製造部門全体で使われるデータや情報からリソース状況を可視化して各製造現場の負荷平準化や製品の不良率の管理，品質管理，品質向上，リードタイム短縮，顧客満足度向上，過剰在庫防止，在庫の適正化，原価管理による利益率向上などを行う，製造業の企業を支える重要なシステムである．

3.3.5　在庫管理システム

製造業や小売業の業界で欠かせないのが**在庫管理システム**である．在庫は，例えば，製造業では完成品在庫や仕掛部品在庫，小売業では商品在庫などが該当する．消費者ニーズが多様化する現代，企業は，さまざまな商品を取り扱う必要がある．在庫状況を正しく把握しなければ，機会損失，業績悪化にもつながりかねない．ニーズに対応できる在庫が足りなければ機会を失い，逆にニーズがないものを過剰に製造すると余剰が生じる．在庫管理システムは，このバランスを最適な状態で管理し，企業の資金繰りを最良の状態に保つ重要なシステムである．

3.3.6　人事給与管理システム

企業には，従業員に関する幅広い情報についての管理業務が存在する．具体的には，氏名，年齢，入社年次などの基本情報や，勤怠，労働時間集計，給与計算，人事評価，社員教育，人材配置や異動，福利厚生，人材採用，退職調整など多岐にわたる．このような従業員のあらゆるデータや情報をまとめて管理する仕組みが**人事給与管理システム**である．勤怠管理，給与計算，労務管理などの業務ごとに，システムが分割され個別の管理システムを導入している企業もあれば，すべてを網羅的に管理するシステムを導入している企業もある．どちらも扱うデータや情報は一元管理が望まれる．

3.3.7　財務会計管理システム

企業の経済活動を根底から支える業務に財務会計業務がある．企業が株主，取引先，仕入先，債権者などの外部の利害関係者に対して，経営の状況を可視化させるための業務である．売掛金管理，買掛金管理，請求管理，発注管理，受注管理，経費管理，総勘定管理，決算管理，管理会計などで構成される．例えば，請求管理は企業利益を確保するために欠かせない活動であり，管理会計は企業の経済状況を素早く確認する活動である．さらに，決算管理は，利害関係者に自社の経営状況を伝え，利害関係者が投資や取引を判断する情報を提供するため，自社の取引に直接影響する活動である．そのため，決算に必要なデータを迅速に提示できなかったり，間違いがあったりしてはならない．このように，**財務会計システム**は，決算に対し必要なデータを必要なタイミングで供給する重要な役割を担っている．

3.3.8 統合型基幹業務システム

従来から，製造，販売，財務，物流，在庫，人事などさまざまな部門が個別に基幹業務システムを構築していた．しかし，部門ごとに部分最適されたデータや情報を他部門と連携して利用する場合，データや情報に重複や冗長が発生する．そのため非効率な状態に陥り，経営活動を圧迫する要因にもなりかねない．現代の企業経営では，部門を横断的に見渡し迅速な経営判断の下で全体最適して進めなければならない．例えば，調達と生産，生産と販売など互いに関連する各業務同士を円滑に連携，連結して全社レベルで最適化を行うシステムが求められた．そこで，企業が持つヒト，モノ，カネ，情報の経営資源を統合的に管理，配分して全体最適を図る企業にとって最も重要な基幹業務システム群をまとめて動作させる**統合型業務システム（ERP: Enterprise Resource Planning）**が盛んに利用されるようになった．

ERP は，経営資源を無駄なく有効活用し生産効率を高めていく考え方であり，現代では企業の経営管理の根幹を担う最重要なシステムとしてさまざまな業界，業種の企業で広く導入されるようになった．ERP は，情報を一元管理することが最大の特徴であり，企業内に散在しているデータや情報を一カ所に集め，それらを基に企業の状況を迅速にかつ正確に把握し，重要な経営判断の決定や，新たな経営戦略の立案につなぐシステムである．

3.4 情報システム

ここまで見てきたように，経営システムは企業において重要な役割を担って

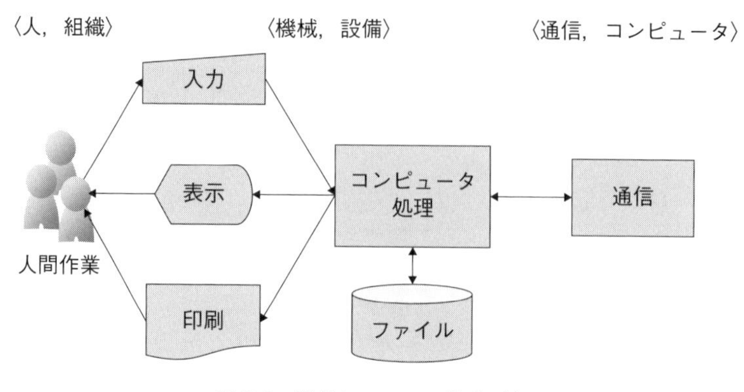

図 3.3　情報システムの構成要素

いる．経営システムにおいては経営に関わる情報を適確に取り扱うことが必須であり，この仕組みを情報システムと呼ぶ．情報化社会の現在，情報システムは経営システムの中で支配的な役割を果たしている．

3.4.1　情報システムの構成

情報システムは，大別すると「人，組織」，「機械，設備」そして「通信，コンピュータ」という 3 種類の要素から構成される．

経営は人や組織の営みであり，情報はそれを受け取る人や組織にとって意味を持つものであるため，情報システムのいわば主人公は人や組織である．また経営においては，例えば製造における生産機器，物流における輸送機器など，それに関わる機械や設備から得られる情報が重要となり，また逆にそういった情報に基づいた判断で，それらの機械や設備が制御される．このように情報システムにおいては，機械や設備も重要な構成要素となる．そしてこうした情報を扱うためには，ICT の存在，すなわち通信やコンピュータが不可欠となる（図 3.3）．

3.4.2　情報処理システム

情報システムの構成要素のうち，「通信，コンピュータ」に相当する部分を**情報処理システム**と呼ぶ．一般的に情報処理システムは，コンピュータのハードウェア，ソフトウェアを活用して情報を処理する機能を有し，具体的には情報をファイルやデータベースに保管する機能，外部と情報のやりとりを行う通信機能，人間系の作業とのインタフェース部分としてキーボード入力や画面タッチによる情報の入力受付や画面への情報表示，そして情報の紙印刷などのヒューマンコンピュータインタフェース（HCI）機能で構成される．

情報処理システムの一般的な処理形態には，処理の目的や適用によってバッチ処理，リアルタイム処理，オンラインリアルタイム処理，分散処理などの形態がある．

バッチ処理は，発生したデータを日次，週次，月次，年次などの単位で一括して処理する形態である．

リアルタイム処理は，発生したデータを即座に処理する方式で，データの投入から結果を得るまでの時間が短い業務に適した形態である．

オンラインリアルタイム処理は，データの入出力地点とコンピュータ設置地点間をネットワークで接続し，データの即時入出力を行う処理に適した形態である．座席予約システムや銀行 ATM などが代表的である．

分散処理は，オンラインリアルタイム処理に似ているが，メインとなるホストコンピュータの負荷を軽減するために，データとその処理や管理をいくつかのコンピュータに分散する形態である．クライアント・サーバシステムは，その代表である．1 台のコンピュータに障害が発生しても他のコンピュータが代替して処理するなどの危険分散としての用途もある．

3.4.3　ハードウェアとソフトウェア

情報処理システムを構成する要素で中核になるものがコンピュータのハードウェアとソフトウェアである．一般的に，コンピュータのハードウェアといえばコンピュータ装置そのものを指し，構成する CPU，メモリ，ディスク装置，表示装置，入力装置，制御回路など，目に見え触れることができる物体をハードウェアと呼ぶ．

一方，ソフトウェアは，ハードウェアが持つ機能を有効に活用するための命令を示したもので，ハードウェアに組み込まれて使われる．ハードウェアとソフトウェアは，互いに補完の関係にあり，どちらが欠けても目的とする機能は動作しない（図 3.4）．

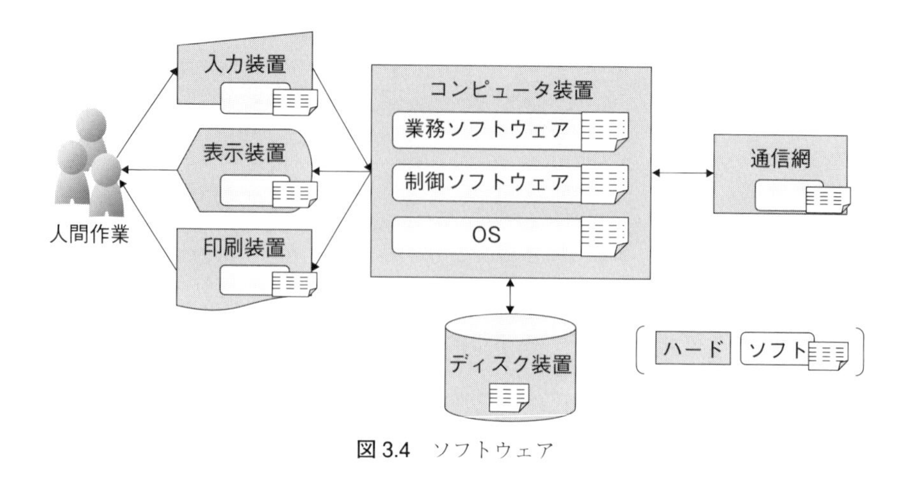

図 3.4　ソフトウェア

オペレーティングシステムは，コンピュータにデータを入出力する際の動作制御やデータを処理する際の CPU やメモリを有効活用するための制御等を指し，コンピュータが動作する上で最も重要な基本ソフトウェアである．代表的なもので Windows や UNIX，Linux 等がある．

制御ソフトウェアは，データの蓄積や通信を効果的に実施する際の管理を行うソフトウェアで，ミドルウェアやドライバと呼ばれることもある．現在ではオペレーティングシステムの一部として扱われることが多い．

業務ソフトウェアは，企業の業務をコンピュータで情報処理するアプリケーションソフトウェアである．他にも，研究所などの機関で高度な科学技術計算を行うソフトウェアもある．企業や自治体向けに限らず学校や家庭向け，また趣味に使われるものなどさまざまなソフトウェアが存在する．

なお厳密には，ソフトウェアはより広い意味を持っている．世界知的所有権機関（WIPO）によると，“1. プログラム，2. プログラムを作成する過程で得られるシステム設計書，フローチャートをはじめとする設計書など，3. プログラム説明書などの関連資料” と定義されている．また，日本の JIS 情報処理用語集（JIS X 0001-1987）は，「データ処理システムを機能させるための，プログラム，手順，規制，関連文書などを含む知的な創作」と定義し，手順，規制，関連文書を具体的には，「要求定義書」，「外部設計書」，「内部設計書」，

「データベース定義書」,「コーディング規約書」,「取扱説明書」,「運用マニュアル」と解説している.

4. 情報システムとライフサイクル

4.1 情報システムライフサイクルの全体像

一般に**ライフサイクル**（life cycle）とは人の一生の過程や，商品が市場に出てから陳腐化し発売中止になるまでの周期など，さまざまなものに対して使われる言葉である．同様に，情報システムが作られ，使われ，やがて使われなくなるまでの主要な変化を情報システムの**システムライフサイクル**（system life cycle）という．この変化の各段階を**フェーズ**（phase）と呼ぶ．後述するように，要求定義のフェーズ，設計のフェーズなどがある．情報システムの開発や運用を考える際には，そのシステムライフサイクルを理解することが重要である．

情報システムを，作って使うという単純な枠組みだけで理解することは適切ではない．情報システムは常に変化し，進化し続けることがその本質だからである．例えば，開発された時点では他社よりも優れた機能やサービスを提供していたとしても，時間の経過とともに他社の情報システムがそれに追いつき，さらにはより優れた機能やサービスを提供し始めるかもしれない．そうした場合，新たな機能やサービスを付け加えるなどして，新しい状況に対応できるように改良を重ねる．情報システムはそうした進化を積み重ねながら使い続けられる．

情報システムを取り巻く環境の変化は，経営環境あるいはビジネス環境の変化と，技術環境の変化に大別できる．経営環境の変化とは，国内や海外における経済状況の変化，企業の投資意欲や消費者の嗜好などの変化，競合他社の動向の変化などであり，これらの変化は情報システムの提供する機能やサービスそのものに大きな影響を与える．例えば消費者の嗜好が細分化して多品種少量の製品を提供する必要があれば，販売システムもそれに対応したものにしなければならない．つまり経営システムや情報システムを新しい経営環境に合わせて変更しなければならない．

一方技術環境の変化とは，情報システムの実現に必要なさまざまな技術の変化である．例えばハードウェアの高性能化，OS やミドルウェアのバージョンアップ，新たな通信技術や暗号技術の標準化などである．情報通信技術の進歩は極めて速く，短いサイクルで次々と新しい技術や製品が出現する．仮に経営環境は変化しなかったとしても，こうした技術環境の変化に対応しないと，例えば新しい OS を持った顧客とのやりとりができなかったり，最新の暗号に対応できずセキュリティが脅かされたりなどといった事態になりうる．さらには，スマートフォンの出現が従来と異なるショッピング方法を提供するなど，

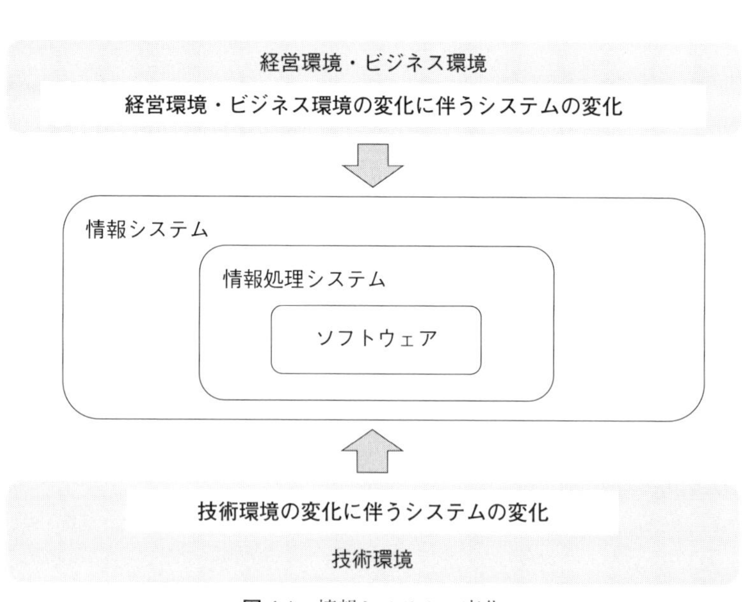

図 4.1　情報システムの変化

技術環境の変化が新しいビジネス形態を作りだすこともありうる．図 4.1 はこれらの関係を模式的に示したものである．

こうした環境の変化に応じて，システムは進化を続ける．もちろん情報システムもいずれは使われなくなり廃棄されるが，場合によっては何十年も使い続けられることも珍しくはない．実際，そうしたシステムにおけるソフトウェアは度重なる改修で内部構造がつぎはぎだらけとなり，もはや進化させること自体が難しいものも存在するが，新たなソフトウェアに置き換えることも容易ではなく，そのまま使い続けられている場合もある．そうしたソフトウェアを**レガシーソフトウェア**（legacy software），そうしたソフトウェアを持つシステムを**レガシーシステム**（legacy system）と呼ぶ．物理的な劣化がないソフトウェアならではの現象ともいえる．

情報システムはその内部に情報処理システムを含み，さらに情報処理システムの中枢にはソフトウェアが搭載される（図 4.1 参照）．この階層的な構造は，ライフサイクルそのものが階層性を持つことを意味する．例えば情報システムの要求仕様が確定し，設計が進むことにより，その構成要素としての情報処理

図 4.2 階層的なシステムのライフサイクル

システムに対する要求仕様が決まる．あるいは情報処理システムの要求仕様が確定し，設計が進むことにより，そのためのソフトウェアの要求仕様が決まる．情報システムとしての経営システム，情報処理システム，ソフトウェアは，その形態は異なる部分があるが，お互いに密な関連を持ったライフサイクルを形成することになる．図 4.2 にこうした階層的なライフサイクルの関係を示す．

情報システムを考える際には，こうしたライフサイクルの中での位置付けを正しく捉え，将来の計画を立てることが重要となる．

4.2　開発プロセス

ライフサイクルの詳細に入る前に，ライフサイクルを構成する**開発プロセス**（development process）について説明する．開発プロセスとはソフトウェア開発に必要となる関連した活動を意味する．4.1 節では，ライフサイクルは要求定義や設計などのフェーズから構成されることを説明したが，フェーズは開発プロセスを構成する何らかの活動と対応づけて理解することができる．つまりライフサイクルにおける各フェーズは，その活動を行っている段階と捉えられる．

開発プロセスがどのような活動によって構成されるかは，書籍によって若干の違いはあるが，本節では特にソフトウェア開発部分のライフサイクルを主眼において，「要求定義」「設計」「実装」「テスト」および「運用・保守」という活動から構成されるものとする．以下，これらの活動について説明する．

4.2.1　要求定義

要求定義（requirements definition）は，情報システムを利用しようとしている人の曖昧な要求や，漠然とした思いを明確にする活動といえる．目指すべき企業の活動を情報システムとして実現するためには，要望する事柄を要求として整理する必要がある．

情報システムの開発における要求分析は，業務の分析と合わせて行う場合がほとんどで，まず業務上の目標や課題を明らかにし，それを現在の業務や現状の情報システムをどのように改善，変更したいかという具体的な要求へとブレークダウンする．それらの要求を，業務の機能やその実装に主眼を置いてさらに詳細化させ，最終的にはソフトウェアに求められる要求を仕様化する．これらを踏まえ，情報システムが持つ機能の経営的効果を予測し，ハードウェアやソフトウェアの性能や技術仕様を確定させる．

こうした作業においてはモデリングが有用である．理解したことや確認したことを形式的に記述することで正確性が増し，作業やコミュニケーションを適確に進める基盤となる．また図式表現を用いることで可視化することができる．業務の分析では活動の組み立てやデータの流れに注目してビジネスプロセスを明らかにし，それをBPMN（5.2.2項参照）などを用いてモデル化する．情報システム中で情報処理システムの役割が明確になった時点では，UML（5.5節参照）のユースケース図（5.4.2項参照）などを利用することができる．さらに情報処理システムと外部とのやりとりの記述には，UMLのアクティビティ図（5.6.3項参照）などを活用することもできる．

4.2.2　設計

要求が仕様化されると，仕様に基づきシステムやソフトウェアの実現方式を決定するが，この活動を**設計**（design）と呼ぶ．以下に情報処理システムの設計，特にソフトウェアの設計を中心にどのような作業があるかを概観する．

(1)　基本設計

システムの基本的な構造や設計方針を決める作業を**基本設計**（fundamental design）と呼ぶ．外部から観測されるシステムの形を規定するという観点から**外部設計**（external design）と呼ばれることもある．この作業においては例えばユーザインタフェースやデータの格納方法などが外部仕様として定められ，システムとシステムの外側との関係が明らかにされる．

設計においては要求定義で捉えられた，利用者の要求をしっかり反映することが重要となる．要求定義フェーズで可視化した業務フローやデータフローを基に，各機能の詳細化と必要データの定義をさらに粒度を細かくして仕様化する．システム利用者の要望を整理し，利用しやすい優れたユーザインタフェースを設計する．入力時の操作や情報認識，検索のしやすさ，また画面の分かりやすさなどに配慮する.

また，各機能が取り扱うデータに着目し，データを蓄えるデータベースやファイルの設計を行う．論理データベース設計，データの項目や属性，データ間の関連などを検討する.

このほか，情報システムとしての要件や実装場所などを考慮して，ハードウェアのサイズや既存で稼動しているソフトウェアパッケージ製品との関係やLAN，WANなどのネットワークの構成や実装方式の検討などもこの段階で行う.

(2) 詳細設計

基本設計に基づき，実際にソフトウェアを構築するためのプログラムの構造やプログラミングの仕方，プログラム実行の手順などをソフトウェアモジュールごとに整理し，内部仕様として定める作業を**詳細設計**（detail design）と呼ぶ．ソフトウェア内部の詳細を決めるという観点から**内部設計**（internal design）と呼ばれることもある.

基本設計で仕様化した内容を基に，実際にプログラミングするレベルまで機能処理を細かく設計し仕様化する．何を入力データとし，どのように処理し，どんな結果を出力するのかを明確に設計する．またシステムで共通化できる機能をまとめて部品としたり，データを最適な形に分割して格納したりする細かい設計を行う.

4.2.3 実装

設計に基づきソフトウェアを実際に構築する作業を**実装**（implementation）と呼ぶ.

実装をプログラムによって行う際には，詳細化された設計を基に具体的なプログラム仕様書を作成し，あらかじめ決められたプログラミング言語と**コーディング規約**（coding convention）や**コーディング標準**（coding standard）に従ってコーディングを行う．情報システムは個々のソフトウェアプログラムが組み合わさって機能する．したがってプログラミングの作業は，個々のプログラムが確実に問題なく動作するように作成することが重要となる.

プログラミングの作業はコーディング規約や標準に基づいて行う．これらは，プログラムの分かりやすさや記述効率の良さ，保守のしやすさなどの観点で業界，企業や部門，あるいはプログラミング言語ごとに定められる．変数や関数，処理などの名前のつけ方や文法記述における字下げインデントやコメント記述などの記述ルールから，プログラミング言語の機能の安全な使い方に関するルールまで多様な規則が存在する．

なお，開発にはソフトウェアの骨格を提供する**アプリケーションフレームワーク**（application framework）や，既製品としての**パッケージソフトウェア**（package software）を利用することも多く，その場合ソフトウェアの一部またはすべてを，これらを利用して作成する．これらを利用する際には，例えば設定ファイルで構成や動作を指定するなど，必ずしもプログラミング作業を必要としないことも多い．

4.2.4 テスト

テスト（testing）は，プログラムを実行することで不具合，欠陥，異常などを発見する活動である．テストフェーズは，ソフトウェア開発で最も時間を要するフェーズになる．通常，システム開発の全フェーズの半分以上を占めるともいわれている．ソフトウェアテストは，テストを行う段階に応じて大きく以下に分類できる．

(1) 単体テスト

単体テスト（unit testing）は，プログラムの一つひとつが単体で正しく動作するかどうかを調べるテストで，主にコーディングレベルでのプログラム動作の確認や，コーディングの記述が規約や標準に合っているかなどの確認を行い，プログラム単体の品質を向上させる目的で実施する．

(2) 結合テスト

結合テスト（integration testing）は，単体テストを終えたプログラムモジュールを結合して連携動作などを確認するテストで，複数プログラムによる一連の機能処理の動作をテストする．主に，プログラム間のデータインタフェースや処理連携が正しく行われることやプログラムを跨ぐ一連の処理結果の確認を行う.

(3) システムテスト

システムテスト（system testing）は，本番運用とほぼ同じシステム構成や環境で，実データやそれに近いデータを用いてシステム全体の動作を検証する，いわば試運転である．この段階では，結合テストを経た各プログラムの機能をシステム全体に統合させて正しく動作が行えるかを総合的に確認するテストを行う.

(4) 受け入れテスト

受け入れテスト（acceptance testing）は，システムを実際に利用する人が使い，業務がきちんと回るかを確認するための一連の業務テストであり，本番さながらの運用を行う．ハードウェア，ソフトウェア，ネットワークなどの環境面での正常系，異常系のテストも行い，特に，高トラフィック時のシステム全体の性能検証や異常時のリカバリ機能の検証が重要となる．受け入れテストでは，要求通りの情報システムに仕上がっているかを十分に検証し，開発されたシステムを利用する人が使えるかどうかの判断が行われる.

なおテストの進行の過程，あるいは新たな改造や修正を行った際に，過去に行ってパスしたテストを再度行うことがある．これは新たなモジュールを結合したり，改造や修正を行ったりすることにより，それ以前ではパスしていたテストが通らなくなることがあるからである．こうした再確認のテストを**再帰テスト**（regression testing）と呼ぶ．近年は短いサイクルで開発とリリースを繰り返し，その都度膨大な再帰テストを自動実行するといった開発形態も増えている.

4.2.5 運用・保守

開発されたシステムを現場に導入して運用し，さらに必要に応じて，システムを修正・改造する活動である.

(1)　移行

移行（migration）では，新しい情報システムを活用して確実に企業の業務運営ができるように運用手順を確立させ，関連するマスタテーブルなどの既存データを確実に移行して効果的な運用体制を作り，利用者全員に新システムの教育を行う．

大規模なシステム変更の場合には，新システムによる影響範囲を考慮して特定の部門を対象にパイロット的に部分運用させて，前述したシステムテストを兼ねて機能や性能，運用の評価を実施し，全面運用時のリスクを減少させる方法もある．

(2)　運用

運用（operation）は，意図した目的を達成するためにシステムを稼働する作業である．

システムの運用にあたっては，年間・月次・週次・日次などの運用計画を立案する．計画の遂行には，システム設計段階で運用の取り決めを行い，コンピュータで実施する手順をあらかじめシステム機能に組み入れておく必要がある．

本番運用が開始されると，日々の運用が重要になる．日々の運用については，あらかじめ立案した運用設計に基づいた作業を確実に実施し，またシステムの稼動状況を常に監視し正常性を維持することが大切である．特に，バックアップ対策，リカバリ対策，データ保全対策，消耗品対策などの運用計画が必要となる．

さらに，システム利用者からのQ&Aなどのヘルプデスク対応も含めて，情報システムを使い続ける期間の運営を確実に維持していかなければならない．

(3)　保守

新しい情報システムの稼動が開始され日々の運用を継続すると，業務運用上の不具合や問題が発生する．こうした問題に必要に応じて対応する活動を**保守**（maintenance）と呼ぶ．保守はさらに，是正，予防，適応，完全化などに分類できる．以下にそれぞれについて説明する．

・**是正保守**（corrective maintenance）：発生した問題に対してプログラムなどの不具合を修正・改善することを指し，プログラムのバグ対策などがこれに該当する．
・**予防保守**（preventive maintenance）：事前に発見した不具合によって問題が発生する前に修正・改善することを指し，OS の修正パッチやハードウェアの増強などがこれに該当する．
・**適応保守**（adaptive maintenance）：新しいハードウェアや他のソフトウェアの変化に対処するために修正改善を行うことを指し，機能追加，バージョンアップなどがこれに該当する．
・**完全化保守**（perfective maintenance）：性能や保守性などを改善するための保守．

さらに，ある程度の期間，情報システムを利用することで新たな業務要件や改善項目が現れてくる．それらを整理し，さらに次のシステムライフサイクルの先頭フェーズに移り，業務分析やシステム分析を行うことになる．

なお運用・保守を開発プロセス中の活動として捉えず，それは新たに要求定義，設計，実装，テストが繰り返されると捉える立場もある．例えばアジャイル開発（4.3.5 項参照）などは，その 1 つの典型である．

4.3　ライフサイクルモデル

ライフサイクルは開発プロセスを構成する活動に対応するフェーズによって構成されることを説明した．それでは，ソフトウェア開発を行う際には，どういう開発プロセスをどのような順序で行うのがよいのだろうか．実際の開発プロジェクトにおいては，その開発に必要な活動をいつ行うかを，そのプロジェクトの状況に応じて個別に決める必要があるが，そうした開発プロセスの組み立て方には，その基本形として参照されるいくつかの典型的な枠組みが存在する．それを**ライフサイクルモデル**（lifecycle model）と呼ぶ．

過去からさまざまなライフサイクルモデルが提案されてきた．最初に提案されたのは「ウォータフォールモデル」で，後に続く多くのライフサイクルモデルの基本となっている．その後，ビジネス環境の変化はさらに目まぐるしくなり，また情報化技術も進歩しているため，それに応じた新たな開発プロセスやシステム構築の考え方が現れ，「スパイラルモデル」，「インクリメンタルモデル」，「イテラティブモデル」などのライフサイクルモデルが考案された．さらに近年は「アジャイル開発」というシステム構築の考え方が広まってきており，開発プロセスの組み立て方に影響を及ぼしている．

4.3.1　V 字モデル－ソフトウェア開発の基本構造

ライフサイクルモデルの特性を理解するためには，そもそもソフトウェア開発がどのように行われ，どのような特性を持っているかを理解することが必要である．ここでは**V 字モデル**（V model）を用いて，それを説明する．V 字モデルはライフサイクルモデルではなく，開発の本質的な構造を説明するためのモデルである．図 4.3 は V 字モデルを示したものである．

要求定義（図ではビジネスへの要求を「要求」，それを支えるシステムの仕様を「仕様」と 2 つに分けている），設計，実装，さらに各種のテストという活動を考えると，要求定義から実装までの上工程（図の左側）は，システム全体への要求に基づき，設計においてはそれが実現する内部構造へとブレークダウンされ，最後は個々のプログラムまで詳細化される．一方，単体テストから結合テスト，システムテスト，受け入れテストという下工程（図の右側）では個別のプログラムのテスト，モジュールやサブシステムのテスト，システム全

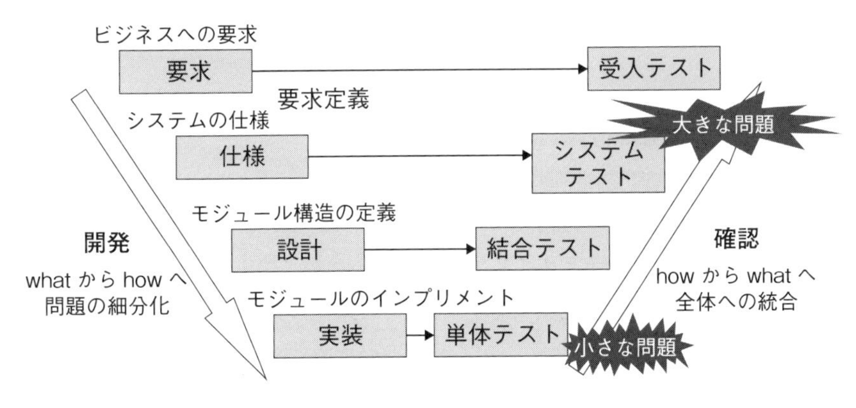

図 4.3　ソフトウェア開発の本質的な構造（V 字モデル）

体のテストと，部分から全体へとテストが行われる．こうしたことから，横軸に時間，縦軸に詳細度をとると，図に示すようにV字となる．

さらにこの図からは，プログラムの実装の確認は単体テスト，プログラム内部の構造の確認は結合テスト，システム仕様の確認はシステムテスト，そしてビジネスへの要求の確認は受入テストというように，各テストにおいて何を確認するかという対応関係がはっきりと分かる．

V字モデルから読み取れることは，プログラムのコーディングミスなど，比較的小さな実装上の問題は確認の早い段階で発見されるが，システムの基本構造の間違い，さらにはユーザの要求との不整合といった大きな問題は確認の終わりにならないと発見できないということである．こうしたソフトウェア開発の本質的な特性を理解することにより，ライフサイクルモデルの違いをはっきりと捉えることができる．

4.3.2　ウォータフォールモデル

ウォータフォールモデル（waterfall model）は，アメリカのW. W. Royceによって1970年に提唱されたライフサイクルモデルである［Royce, 1970］．情報システム開発の歴史で，古くから採用されている基本的なライフサイクルモデルである．システム開発のライフサイクルの各フェーズにおいて，前のフェーズが完了してそのアウトプットが承認を受けると，それをインプットとして次のフェーズに進むといった進め方である．つまり，要求定義が完了しないと基本設計が始まらず，基本設計が完了しないと詳細設計に移れないというように，前のフェーズを完了してから次のフェーズを始める考え方に基づいている．

ウォータフォールモデルは，それぞれのフェーズ単位で作業管理を行えるため，情報システム開発のプロジェクト進捗管理がしやすいという利点がある．

しかし既に述べたように情報システムを取り巻く環境の変化は激しく，そうした中でシステムに対する要求も変化する．仮に要求定義のフェーズでシステムの仕様を決めたとしても，開発を進めている間にその仕様の変更が求められることも多いが，ウォータフォールモデルではこういう状況への対応が難しい．

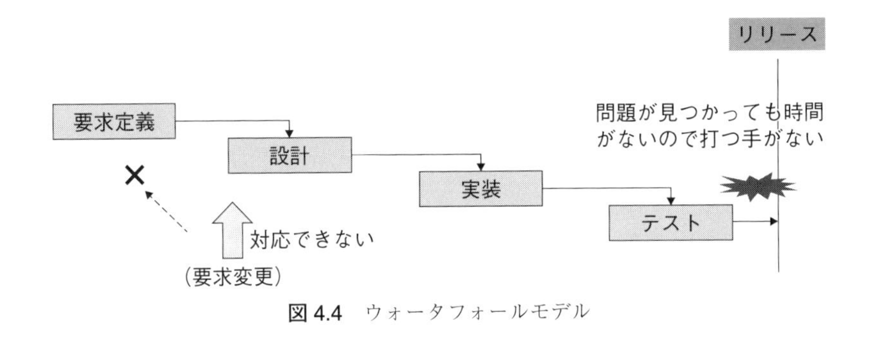

図 4.4　ウォータフォールモデル

さらに，ウォータフォールモデルは，開発上のリスクが大きいモデルである．すなわち，ウォータフォールモデルは前述したV字モデルを後戻りなく一度で行うというモデルである．テストが開始された初期はコーディングミスなどの比較的軽微な問題が見つかるが，システム全体に関わる問題や顧客の要求との不整合といった問題はテストの後期にならないと見つからない．しかしながら，開発の終了間際に基本設計や要求定義に関わる重要な問題が見つかっても，それに対応することは困難である．図 4.4 はウォータフォールモデルを直感的に示した図である．

このようにウォータフォールモデルでの開発は，不具合発見に関するリスクをはらんだモデルであるといえる．

4.3.3　インクリメンタルモデル

ウォータフォールモデルの課題を改善するためにいくつかのライフサイクルモデルが提案されたが，その代表的なものが**インクリメンタルモデル**（incremental model）である．

インクリメンタルモデルは，一度にすべてを実現するのではなく，まずその一部を完成させ，それに対して徐々に開発部分を積み上げて最終的にすべてを完成させるという方法である．別の言い方をすると，開発期間に一度だけV字モデルを実行するのがウォータフォールモデルだとすると，インクリメンタルモデルでは小さなV字モデルを繰り返し実行するという考え方である．例えば実現すべき開発項目が 100 項目あるとすると，その 100 項目をウォータフォールモデルのように一気に開発するのではなく，最初にまず 10 項目を開発し，それが問題なければ次の 20 項目を開発する，というように増加的に開発を進めるモデルである．

こうした方法をとることにより，ウォータフォールモデルの持つリスクに対応することができる．仮に最初の繰り返し（小さなV字モデルの繰り返し）は 10 項目の開発であっても，システムの基本構造を作りこみ，基盤となる部分を作成しなければならないため，そのV字モデルを実行することで，要求定義から実装に至るさまざまな間違いを早期に発見できる．その 10 項目が正しく完成されればそれに基づき次の増分を作りこむ．もしも 10 項目を作ったことで大きな問題が発生しても，開発期間全体でみれば終了までまだ猶予があるため，問題に対応することが可能となる．もちろん問題が発生すれば当初予定通り 100 項目すべては完成できないかもしれないが，その時点で計画を修正し，例えば重要度の高い 70 項目を納期に間に合わせることができるかもしれない．このようにインクリメンタルモデルは，ウォータフォールモデルとは違い，小さなV字モデルを終了する度に動的に計画を見直しながら開発を進めるため，リスクに対処しやすい開発手法となっている．また開発の途中で要求の変更が行われたとしても，それ以降の繰り返しがあるなら，そこで対応することが可能となる．

なお各繰り返しで何をどのような順序で開発するかについては，いくつかの考え方がある．上述したように順次項目を追加していく方法以外にも，全項目について開発を繰り返しながら完成度を上げていく方法もある．これを**イテラティブモデル**（iterative model）と呼ぶ場合もあるが，厳密な区分があるわけ

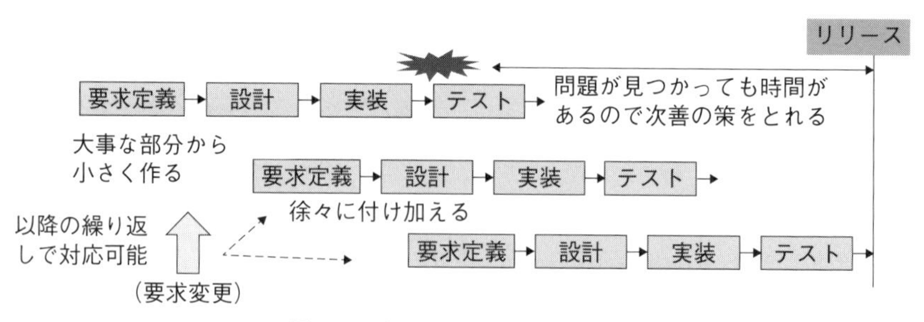

図 4.5　インクリメンタルモデル

ではない．あるいは初期は方式の検討などを探索的に行い，そのあとで実システムの増加的開発に移る方法などもある．

インクリメンタルモデルに基づく開発では，システムの一部を実現したプロトタイプを作成して，機能，操作性，あるいは性能などの確認を行いながら開発を進める**プロトタイピング**（prototyping）の技法が使われることもある．図 4.5 はインクリメンタルモデルを直感的に示した図である．

このように，インクリメンタルモデルは，ウォータフォールモデルに比べて，要求の変更や開発上のリスクに対応しやすいライフサイクルモデルであるといえる．

4.3.4 タイムボックス開発

ICT の世界では経営環境や技術環境の変化は極めて速く，その変化の速度は年々加速している．それに伴いシステムのリリースの間隔も短くなっており，従来は年単位だったものが月単位となり，近年は分野によっては週単位，日単位で機能更新が行われることもある．こうした分野では，リリースが遅れることでビジネス上の大損失を招くこともある．

例えば 10 項目を 1 カ月で開発する計画で進めていたが，開発が遅れ締め切りまでに 8 項目しか実現できないという状況を考える．こうした場合，締め切りを延ばして 10 項目を完成させるというのが通常のやり方かもしれない．しかしその遅れがビジネスにおける機会損失につながるかもしれない．

こうした背景から**タイムボックス開発**（time-box development）というリリース時期を最優先とする開発の方法が生まれた．上記の例では，締め切りま

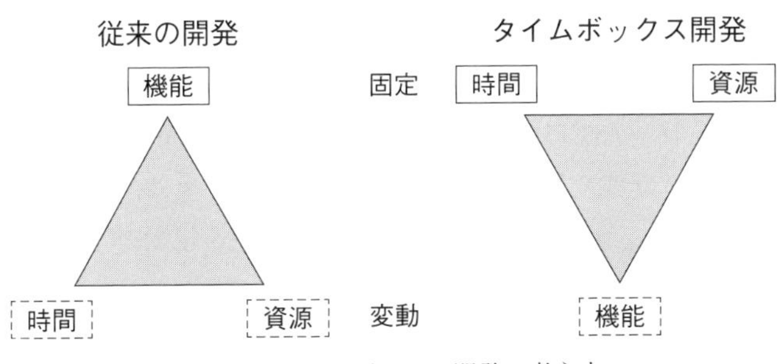

図 4.6 タイムボックス開発の考え方

でに8項目しか実現されていなくてもそこでシステムをリリースする．図4.6にタイムボックス開発の考え方を示す．図左に示すように，従来の開発ではプロジェクトが遅れたとき，実現する機能は変えずに，時間（納期）や資源（人数）で調整するという考え方をとる．一方タイムボックス開発では，図右のように，時間や資源は変えずに，実現する機能で調整するという考え方をとる．

そのためには開発項目の優先度を認識し，仮にすべての開発項目が実現できなくても，その時点で直ちにリリースができるように動作するソフトウェアを開発するなどの工夫が重要となる．この考え方は，90年代ごろにビジネスアプリケーションの開発手法である**RAD**（Rapid Application Development）などで取り入れられたものだが［Martin, 1991］，近年のアジャイル開発でも取り入れられている重要な方法である．

4.3.5　アジャイル開発

アジャイル開発（agile development）は変化に迅速に対応することを目的とした開発手法である．特定の手法を意味するのではなく，スクラムやエクストリームプログラミングなど，同じ目的を持ったさまざまな手法の総称である．アジャイル開発という用語は，2001年にK. Beckなどそれらの手法に関わってきた人たちが集まってアジャイルソフトウェア開発宣言（`https://agilemanifesto.org/iso/ja/manifesto.html`）を発表したことから広まった．この宣言では変化に追随するための軽量な開発プロセスの必要性を訴えている．

アジャイル開発における開発プロセスの組み立て方はインクリメンタルモデルの1つと考えられるが，そのサイクルは1週間から1カ月程度であり，3カ月をタイムボックスの単位とするRADなどよりもさらにスピード感がある．そこまで加速するためには開発の方法をいろいろと工夫しなければならない．例えば**エクストリームプログラミング**（extreme programming）では，シンプルな設計，リファクタリング，ペアプログラミング，継続的インテグレーションなどのさまざまな**プラクティス**（practice，実践）が示されている［Beck, 2000］．またコーディングを行う前にテスト項目を作成するテストファーストといった考え方も示されている．

このようにライフサイクルモデルあるいはそれを踏まえた開発手法は，時代とともに変化してきている．しかし単純に新しいモデルや手法が優れているという捉え方は短絡的である．例えばWebアプリケーションと医療機器のソフトウェアではその作り方は異なってくるし，新しい技術をふんだんに採用したリスクの多い開発と，手慣れた技術で同じものを繰り返し作っているリスクの少ない開発では作り方は異なる．ライフサイクルモデルの採用と，それに基づく開発方法の決定は状況に応じて適切に行う必要がある．

4.4 情報システム開発プロセスの演習課題 - 仮想的プロジェクト

本書では，システム開発プロセスを開発の演習を通じて実際に疑似体験する．そのためにSDEV社という仮想的アパレル企業を設定し，そこで業務改善プロジェクトに携わることを想定する．本節では，SDEV社の会社概要と業務および演習として行う仮想的プロジェクトの課題について説明する．

4.4.1 仮想的プロジェクトの目的

SDEV社の業務改善プロジェクトの目的は，SDEV社の経営改善目標を把握し，SDEV社の現在の受注業務に関するシステムを改善することである．

4.4.2 仮想的プロジェクトにおけるシステムライフサイクル

(1) システム分析とシステム設計

システムの分析では，現状のSDEV社の業務プロセスを分析し，SDEV社の改善後の業務プロセスがどうあるべきかを検討する．それに基づき，改善後の新しい業務プロセスを設計する．なお本演習でのSDEV社における主たる課題はWebによる衣料品販売業務の検討である．

設計にあたって，経営環境分析として事前にさまざまなWebショップサイトの研究を行い，ビジネスの狙いとサイトの機能や操作性などの関係性を理解する．設計情報の共有化，可視化を意図して仕様はUMLなどのモデルで表現する．商品情報，顧客情報，売上情報等のデータ設計を行う．

(2) システム開発

SDEV 社の業務改善目標を達成するために設計された，新しい機能を備えたWeb による衣料品販売業務のシステム構築を行う．本書の演習では，開発用の言語としてJSP，SQL，HTML を活用して，Web システムとして実際に動作するプログラムを開発する．

4.4.3 SDEV 社の会社概要

(1) プロフィール

2001 年 8 月に創業．同年 9 月に SDEV 渋谷本店を開店．

・事業内容

　衣料品の店頭販売，卸販売．

・営業品目

　男性用，女性用衣料品全般．

(2) SDEV 社の既存のビジネスモデル

主な業務と SDEV 社に関連する外部との関連に基づき図 4.7 に示す．

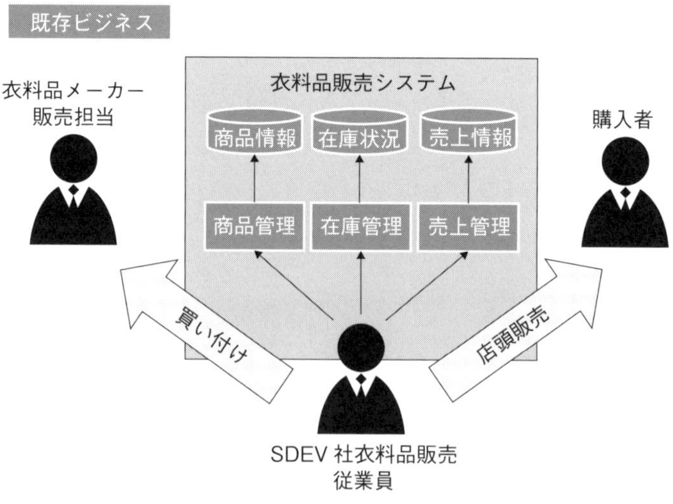

図 4.7　SDEV 社の既存のビジネスモデル

(3) 現在の業務形態

製品は基本的に店頭のみで販売.

(4) 主な業務

衣料品の買い付け・店頭販売.

・買い付け業務：買い付け業務ではまず，買い付け担当の従業員が販売する衣料品を選定し，衣料品メーカーの販売担当と価格を交渉し，発注を行う.発注を受けた衣料品メーカーは衣料品を納入し，代金を請求する．請求を受けた衣料品販売店は支払いを行い，納品された衣料品を在庫として保管し，店頭に陳列する．また社内で管理する商品の情報とその在庫状況を把握しておく．買い付け業務の概要を図 4.8 に示す.

・店頭販売業務：店頭販売業務では，購入者の来店を契機に商品を販売する．販売の際には販売する商品の在庫状況を確認し，支払いを処理する．売り上げの情報については売上情報として記録を行い，後から集計などを行う．店頭販売業務の概要を図 4.9 に示す.

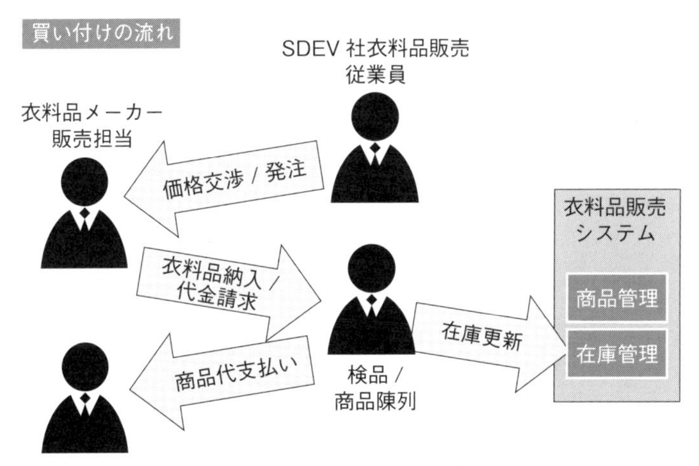

図 4.8 SDEV 社の買い付け業務

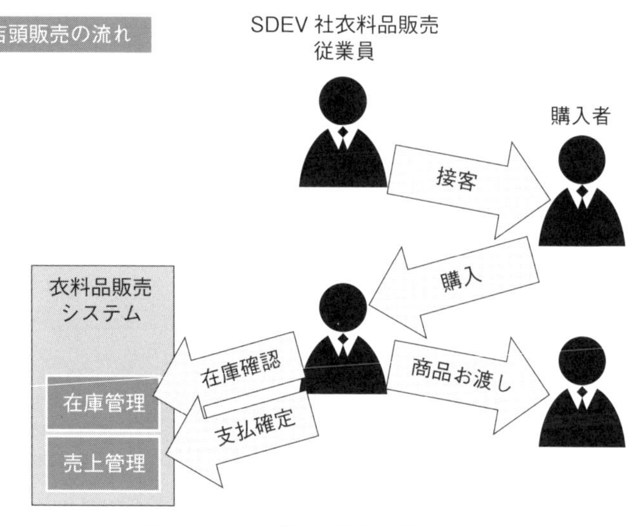

図 4.9　SDEV 社の店頭販売業務

4.4.4　Web 衣料品販売サイトの研究－経営環境分析

衣料品の販売業務を Web によるショッピングサイトとして運営した際の利点を顧客の視点と販売店の視点で考えた場合，一般的に次のように捉えることができる.

顧客側の視点では，時間的制約が少なく自由な時間に購入できる．しかも，商品や価格等さまざまな情報の比較が容易にできることなどが挙げられる．このように Web によるショッピングサイトでは，顧客が積極的に商品情報を調べたり，他と比較を行ったりするなど，リアル店舗でのショッピング以上に，顧客と企業とがインタラクティブなショッピングを行える.

また，販売側の視点では，店舗スペースの制約がなくなるとともにリアル店舗の不動産費や店員の人件費等の費用削減ができる．リアル店舗ではスペースが限られているため，売れ筋の商品を並べざるを得ないが，Web サイトではその制約がないため，売れ筋でないものも含め多様な商品を提供することが可能となる．さらに購入顧客の情報蓄積がしやすくなり，顧客管理の向上につながるといった利点もある.

一方，Web サイトでは実際の商品を手に取って確認できないため，例えば衣料品であれば，素材の色や肌触り，服の着心地やサイズ感などが確認しづらいといったデメリットもある．したがってそうしたことに対する工夫や配慮が必要となる．

参考として，衣料品のWeb通販システムのビジネスモデルの例を図4.10に示す．図の中央に「販売会社」，右に「顧客」，左に「衣料品メーカー」を配置している．この衣料品販売のWeb通販システムでは，衣料品メーカー側が既成品の商品情報の登録，納品を行い，それを委託販売という形で販売会社が販売するビジネスモデルである．

衣料品購入までの大まかな流れは以下の通りである．

1. 衣料品メーカーでは，販売する衣料品の商品情報を自ら登録し，売りたい分の衣料品を商品受け入れサービスを通じて納品する．
2. 衣料品販売会社は，図4.11で示すように衣料品を受け入れて検品を行ったあと，在庫情報の更新，商品情報の更新を行い，Webサイト上で商品を紹介し販売を開始する．

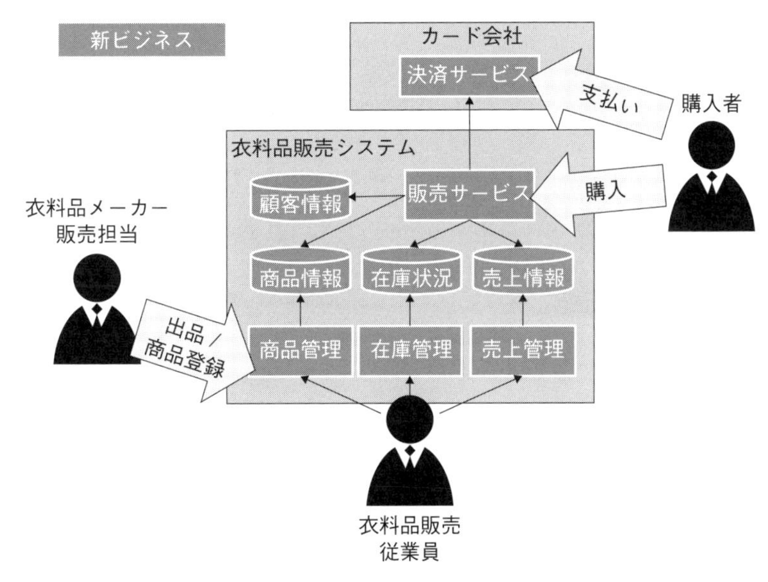

図4.10 衣料品のWeb通販システムのビジネスモデル例

3. 顧客は，図 4.12 のように販売サービスを通じて顧客情報を登録し，商品を検索，購入する．購入が行われると，販売会社は在庫を確認し支払いの確定後，商品の発送を行う．この時点で売上計上等の実績の更新を行う．

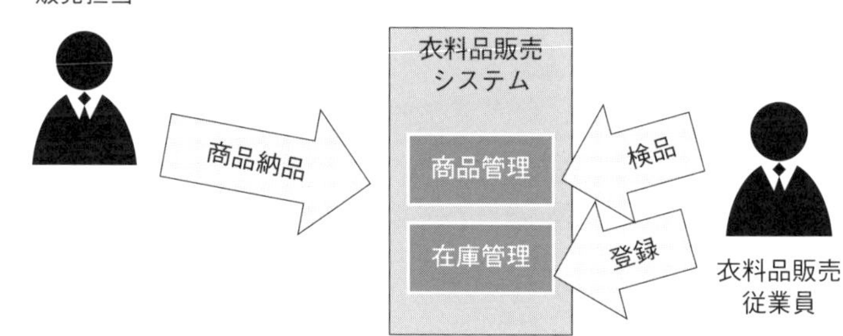

図 4.11　商品受け入れサービスの業務の流れ

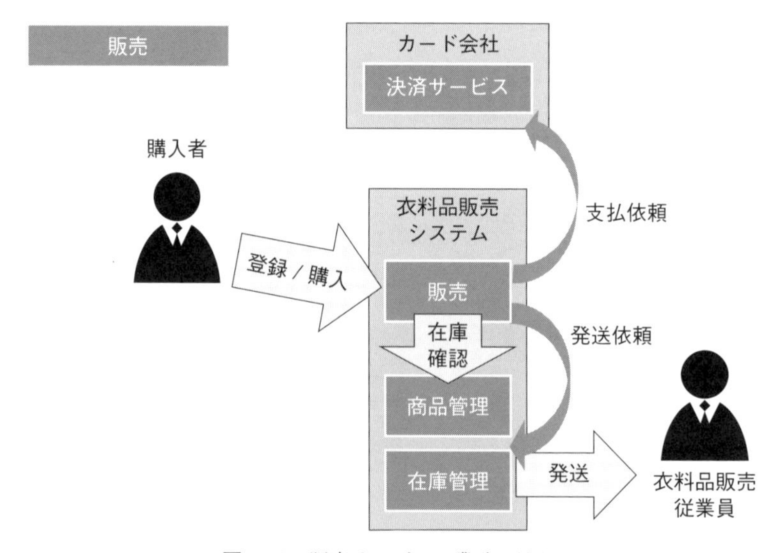

図 4.12　販売サービスの業務の流れ

4.4.5 演習1：ショッピングサイト研究

アパレルの小売りを行っているWebサイトを3つ選び，それぞれがどのような特徴を持っているか，どのような顧客層をターゲットとしているかを調査する．なお本書でアパレルとは既製品の衣類を意味するものとする．

(1) 調査

ひとくちにアパレルの小売サイトといっても，さまざまなサイトがありそれぞれが異なった特徴を持っている．アパレルのWebサイト3カ所にアクセスし，それらを比較して，以下の観点からそれぞれの特徴を整理しなさい．なお，これら以外にも自分で項目を設定しても構わない．

・業態：アパレルの小売りにはさまざまな業態がある．実店舗を持っているか仮想店舗だけか，メーカー直販か仕入か，量販店か専門店か．またどういう種類の衣料品を扱っているか，特定ブランドか自社ブランドか，あるいは価格帯など．そのサイトの業態がどういうものであるかを調べる．
・商品情報：商品に関してどのような情報が提供されているか．種類，価格，ブランド名，素材，色，写真，在庫量など，商品に関してどのような情報が提供されているかを調べる．
・注文方法：商品をどのように閲覧するのか，注文の際に色やサイズなど何を指定するのかなど，商品を選び注文するまでの方法について調べる．
・決済方法：商品の決済方法にはどのようなものがあるかを調べる．クレジットカード払い，振込払い，請求書払いなど．複数の形態が可能かもしれない．
・付加的サービス：関連商品の推薦機能，会員機能，口コミ機能など，どのような付加的サービスが提供されているかを調べる．
・ユーザインタフェース（UI）：サイトのレイアウトや色などのデザイン，用語や言語，操作方法や応答などがどのようなものかを調べる．

(2) 考察

上記を踏まえ，そのWebサイトがどのような顧客層をターゲットとしているかを考えなさい.

　例えばどういう年齢層，収入，嗜好の顧客をターゲットとしていると考えられるかを考察しなさい．またそのように考える理由は何か，(1) で調べたサイトの特徴との対応の中で説明しなさい.

5. 要求定義

5.1 要求と要求定義

5.1.1 ビジネスシステムの要求分析

新しい情報システムを開発する際には，システムの現状やそれに対する要望などを分析し，現状の課題や将来の目標を明確にする必要がある．

要求定義では，まず，どんな情報システムを作るのかを明らかにする．利用者の要望を理解・整理し，情報システムの目的を明確化し目標設定をする．要求の整理においては，情報システムを利用する側の「何がしたい，何がいらない」ということを正しく理解し，それらを踏まえて，システムを構築する側の「何ができて，何ができない」のかを明確にさせ，当事者間で合意を得ながら整理していくことが重要である．特に，要望に対する実現策や技術活用の際には，憶測や思い込みを一切排除させ，事実と現実を正しく捉えて実現性を検討するよう注意を払う．

実際のソフトウェア開発の現場では，当事者間（利用者や開発者）でシステム要求に関する十分な検討や明確な合意がなされていないために，システム開発作業の遅延や作業の後戻りなどの問題が発生することも多かった．つまり，システム開発の目的やゴールが曖昧になっていることがその原因の1つといわれている．ソフトウェアを開発するにあたり，ビジネスとして進むべき方向や目標，方針などのゴールは何なのかを明確に定めておくことは非常に重要である．

よくない例を述べる．あるシステムエンジニア（SE）は，ある顧客の情報システムを開発することになった．まず，構築する業務システムの要望確認を踏まえて要求定義を行うために顧客を訪問した．SE は顧客のさまざまな要望をヒアリングし，それらの要望を自社のツールやパッケージ製品を使って実現しようと考えた．しかし，その SE は，該当する自社のツールやパッケージ製品に関する知識が少ないにもかかわらず，独自の判断や憶測で要求定義をまとめて設計書を作成し開発部署に渡した．開発部署では，その設計書を受け取った時点で，SE が整理した要求は，該当するツールやパッケージ製品で実現させるためには一部無理があると分かっていた．しかし開発部署では「SE がなんとかするだろう」とか「なんとかできるだろう」という曖昧な思いで開発を進めた．さらに開発を設計書通りに進め，顧客とのシステムテストの段階になって，曖昧であった部分で不具合を引き起こし，変更，改修を繰り返したところ，実現可能な機能にも影響を及ぼすことになった．その結果，システム全体の大改修に及ぶ事態となり，掛かるコストの増大，納期の遅れなどで大問題となった．

これは極端によくない一例だが，起こりうることである．「曖昧で不安だなぁ」と感じるような項目が要求定義にあれば，その不安は必ず的中する．そのため，要求定義ではいかにして曖昧な設計箇所をなくすかということが重要になる．

5.1.2　要求とステークホルダ

(1)　要求

前項で述べたように，要求定義では現状の業務や情報システムに対する**要求**（requirement）を捉える．つまり要求とは，実際に行われている業務をよりよくしたい，情報システムに関する課題を改善したい，といった現実世界に対する思いであるといえる．一方，その思いを達成するために作られる情報システム，情報処理システム，さらにソフトウェアに対しても，例えば既存の設備をそのまま活かしたい，特定の OS や言語を使ってほしい，業界標準に準拠して

表 5.1　ISO/IEC 25010 での品質特性

利用時の品質	有効性，効率性，満足性，リスク回避性，利用状況網羅性
製品品質	機能適合性，性能効率性，互換性，使用性，信頼性，セキュリティ，保守性，移植性

ほしいといった要求が持たれる．このように要求には，現実世界をどうしたいかという要求と，作られるものに対する要求の二種類が存在する．要求定義では，こうした要求を明確な記述，つまり要求仕様として定義する．

一般に要求は，**機能要求**（FR: Functional Requirements）と**非機能要求**（NFR: Non-Functional Requirements）に分類される．機能要求とは，システムがどのようなふるまいをするか，入力に対してどのような結果を出力するかといったことに対する要求である．一方，機能要求でない要求はすべて非機能要求と呼ばれ，ソフトウェアの品質に対する品質要求，設計や開発に対する制約，法令や標準に関する要求などが含まれる．ISO/IEC 25010 ではソフトウェアの品質について，大きく**利用時の品質**（quality in use）と**製品品質**（product quality）に分けて体系的に定義されている［ISO/IEC, 2011］．前者はシステムを利用することによる目的達成の度合いを示すもので，有効性，効率性，満足性など５つの特性から構成されている．後者はシステムそのものの品質で，機能適合性，性能効率性，互換性など８つの特性から構成されている．これらの特性は品質要求を検討する際の重要なよりどころとなる．表 5.1 に品質特性の一覧を示す．

(2)　ステークホルダ

要求定義を行うためには，その要求を持つ人，すなわち**ステークホルダ**（stakeholder）を識別しないといけない．ステークホルダとはシステムによって影響を受ける人，グループ，組織などを指し，利害関係者ともいわれる．

システムのステークホルダが，その利用者だけと考えるのは不十分である．例えばネットショッピングのシステムを考えてみると，販売サイトを運営する会社，販売サイトで商品を購入する消費者，販売サイトに商品を卸す業者，商品の決済を行う金融機関，商品の運搬を行う業者，販売サイトの開発やメンテナンスを行うITメーカーなどさまざまな人や組織がステークホルダとして考えられる．例えば，販売サイトが使いやすくセキュリティがしっかりしていれば，消費者は快適にショッピングができるだろうし，販売サイトが効果的な顧客管理機能を提供していれば，運営会社の売り上げに貢献できるだろう．あるいは販売サイトがメンテナンスしやすい構造に設計されていれば，ITメーカーも適切な作業が可能となる．このように，情報システムにはさまざまな観点から影響を受けるステークホルダが存在し，例えば消費者は安心・快適に使いたい，運営会社は売り上げを伸ばしたい，ITメーカーは効率的に開発や保守を行いたいというように，ステークホルダはそれぞれの要求を持っていることになる．

情報システムの開発においては，こうしたさまざまなステークホルダの要求を適確に捉えることが重要である．運営会社の要求ばかり取り入れて，消費者やITメーカーの要求が反映されないといった状況では，そのシステムは成功しない．またステークホルダ間の要求は場合によっては背反することもある．例えば，運営会社は顧客情報を多く集めたいと考える一方で，消費者はできるだけ個人情報を提供したくないと考えるかもしれない．こうした要求の衝突についても正しく分析して要求仕様に反映しなければならない．

さらに，直接そのシステムに関わらない人もシステムに要求を持ちうる．例えば，未成年者が高額なショッピングを容易にできるような販売サイトに対しては，保護者からクレームが寄せられるかもしれない．こうした間接的な利害関係者についてもきちんと考慮する必要がある．

5.1.3　要求定義の手順

要求定義を行う方法は分野や状況に応じてさまざまだが，基本的には要求獲得，要求分析，要求仕様化，要求検証といった活動が必要である．本項では（一社）情報サービス産業協会の『要求工学知識体系』に基づき説明する[JISA, 2011]．

(1)　要求獲得

要求獲得とは，業務やそれを支える情報システムに対する要求を明確にする作業である．要求獲得での主だった作業として以下が挙げられる．

A）ステークホルダの識別

要求獲得でまず行わなければならないのは，ステークホルダの識別である．誰が要求を持っているかが分からなければ要求の獲得ができないからである．その業務分野（小売り，製造，物流等）や業態（ネット販売，店頭販売等）などによって関わるステークホルダが異なるため，その業務に詳しいエキスパートからの情報が有用となる．また，現場にはその業務の実態を正しく把握しているキーマンのような存在がいるものである．そうした人たちから，その業務がどのような人や組織に関わっているのか，どのような標準や法律あるいは慣習があるのか，などをヒアリングすることでステークホルダ識別の重要な手掛かりが得られる．

なお，識別されたステークホルダをすべて一様に扱うことはできない．ステークホルダの中にはスポンサーや経営者，重要顧客のように大きな影響を持つものとそうでないものがいる．また適用される法令がある場合にはその要求に従うことが必須となる．

B）現状システムの理解

情報システムへの要求を理解するためには，現状のシステムがどうなっているかを正しく把握することが必要である．情報を収集するためには，インタビューやアンケート，会議形式での議論の実施などさまざまな方法があるため，目的や状況に応じて適切な方法を選ぶことが重要である．また，実際に現状のシステムの状況を観察，体験することが有用な場合もある．

ステークホルダは多様であり，それぞれ異なった立場でシステムと関り，持っている背景知識やそのレベルもさまざまである．こうした背景の異なる人の間でのコミュニケーションには十分に気を付ける必要がある．業務を行っている人は当然だと思っていることが，システム開発を行うエンジニアには全く理解されていないこともある．あるいは同じ用語でも，分野が異なると随分と違う意味に使われることもある．

こうしたときに有効なのが**シナリオ**（scenario）の活用である．シナリオとは，システムの利用状況などを時系列に記述したものである．例えば，「書類の承認」という用語だけでは，ある人は書類を精査した上で了承する作業を思い浮かべるかもしれないし，ある人はよくよく読みもせず印鑑を押す作業を考えるかもしれない．しかし「担当者が書類を提出する，すると上司はそれを関係者に回覧して意見をもらう，さらに予算担当者の意見をもらう，それらを踏まえて上司が承認する」というシナリオが示されると，より適切に作業の内容を理解できる．このように，シナリオは具体的な記述であるため分かりやすく，誤解を減らすことができる．一方，シナリオはあくまで特定の状況の例示であり，すべての状況を記述し尽くすことはできない点には気を付けなければならない．

C）現状システムのモデル化

現状システムの理解に基づき，それをモデル化する．モデル化とは，特定の目的のために，対象の何らかの側面について，定められた方法で記述することである．定められた方法とは，記述方法やその意味解釈がきちんと決まっていることをいう．またモデル化によって得られる記述のことをモデルと呼ぶ．現状システムのモデルは，**As-Is のシステム**（System As-Is）などと呼ばれる．システム開発に関わる複数の人，あるいはステークホルダとの間で現状システムの課題などを議論するためには，直感的な図や生活言語での記述は不十分であり，モデル化を行うことで正確で抜け漏れの少ない議論のベースラインを作ることが重要となる．

経営システム，特に企業におけるビジネスシステムのモデル化の方法はさまざまである．例えば，戦略マップ（strategy map）のような目標をモデル化する手法や，組織図のようなビジネス資源をモデル化するための手法などがある．さらに，エンタープライズアーキテクチャ（EA: enterprise architecture）のように，ビジネス，データ，運用，技術などを体系だってモデル化する手法もある．

そうした中，業務のモデル化においてよく使われる手法として，IDEF や BPMN のように，業務を活動の系列として記述するビジネスプロセスモデルがある．**ビジネスプロセス**（business process）とは，製品やサービスを生み出すために必要な活動の集まりのことを意味し，ビジネスプロセスモデルでは，業務を構成する活動を，その間のデータの流れや制御の流れによって関連付けてビジネスプロセスを表現する．5.2 節では，ビジネスプロセスについてさらに詳しく説明する．

D）現状の課題の分析とゴールの抽出

現状システムのモデルを踏まえ，現状の課題，その原因について検討し，整理する．ステークホルダとの会議やインタビューなどを行い，課題と原因の因果関係を図示するなどして整理する．ブレインストーミングや KJ 法などの発想支援の活用も有効である．

整理された課題や原因から，課題解決のための**ゴール**（goal）を明らかにする．ゴールとは，現実のビジネスあるいはシステムがこうあってほしいという意図や目標とすべき状態をいう．ゴールの抽出や整理の手法としては，ソフトシステム方法論（SSM: soft systems methodology）や**ゴール指向要求分析**（goal oriented requirement analysis）などが活用できる．ここでは簡単にゴール指向要求分析について説明する．SSM については 5.3 節で触れる．

ゴール指向要求分析は，要求分析の手法の 1 つであり，ゴールモデルを用いてゴールの構造化を行う手法である．目的としてのゴールは，より小さなサブゴール群へと分割される．分割には 2 種類あり，分割されたサブゴール群のすべてが満たされるなら上位ゴールが満たされることを示す **AND 分割**と，分割されたサブゴール中の 1 つでも満たされれば上位ゴールが満たされることを示す **OR 分割**がある．ゴールモデルではこの構造を木構造的な図法で表現する．図 5.1 はゴールモデルの記述例である．ゴールモデルにはいくつかの記法があるが，この記法は KAOS 法［Lamsweerde, 2009］に基づいている．

例えば，「収益力強化」というゴールは，「売上アップ」，「コスト削減」という 2 つのサブゴールに分割され，「売上アップ」というサブゴールはさらに「24 時間購入可能」，「購買履歴に基づく推薦」といったサブゴールに分割できる．こうした分割を繰り返すことにより，抽象的な「収益力強化」というゴールが，より具体的なゴールにブレークダウンされることになる．ブレークダウンされたゴールは，上位のゴールよりも相対的に手段に近づいてくる．このよ

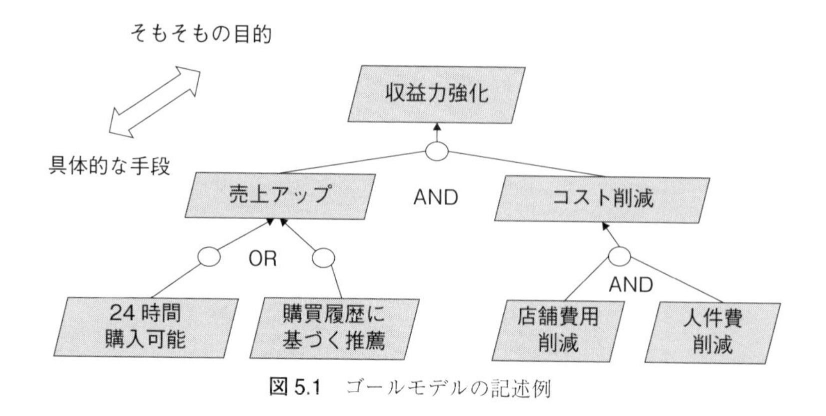

図 5.1　ゴールモデルの記述例

うに，ゴール指向分析は，目標を達成するための手段を抽出する作業を支援する．

ゴール指向分析では，開発する情報処理システムだけではなく，それが設置される環境を含めて分析を行う．すなわち我々が解決したいのは現実世界の問題であり，情報処理システムは外部の環境，すなわち人・組織，機械・設備との協調の中でその問題を解決・改善するからである．

E）将来システムのモデル化

抽出されたゴールに基づいて，将来システムのモデルを作成する．ブレークダウンされたゴールを達成するためにはどのようなシステムにすべきかを検討し，現状システムのモデル化同様に BPMN などを活用してモデル化する．将来システムのモデルは，**To-Be のシステム**（System To-Be）などと呼ばれる．

なお，このモデルは，あくまでその時点までの検討結果の共通理解を示すものであり，必ずしも明確かつ単一のシステムモデルが記述されるとは限らない．例えば，ゴールを OR 分割して得られた複数のサブゴールのうち，どれを選択するかについて，まだ決まっていないかもしれない．そうした場合でも，そういう選択肢を含めて，その時点のシステムモデルを明示的に記述することが大切であり，それは次の要求分析作業の重要なインプットとなる．

(2) 要求分析

要求分析とは，獲得・抽出された要求を分類し，その間の対立を解消したり，優先度をつけて，整合のとれた要求として整理・体系化する作業である．要求分析での主だった作業として以下が挙げられる．

A）要求の分類と構造化

獲得された要求は，現状の業務上の課題解決や，ビジネス上の目標達成など，経営システムや情報システムに関する要求，情報処理システムの機能や性能などに関する要求，あるいはソフトウェアの稼働環境や設計制約に関する要求など多様である．また機能要求や各種の非機能要求など，異なった種類の要求も含まれる．これらの多様な要求を分類・整理する．

さらに整理された要求の間の依存関係や関係性を明らかにする．例えば5W1Hに注目し，Why（なぜ），Who（誰が），What（何を），When（いつ），Where（どこで），How（いかに）の観点から表などに整理する手法がある．あるいは前述したゴールモデルを用いた要求分析手法では，根本的な要求を示す上位のゴールが，より詳細で具体的な下位のゴールへと分解されるため，上位のゴールがWhyを下位のゴールがHowを示すといった関係性を構成することができる．

B）要求の割り当て

分類・構造化された要求を，システムの構成要素に割り当てる．前述したように詳細化された要求は，より具体的でHowに近い要求となるため，その要求を達成する役割をシステム中の構成要素である人・組織，機械・設備，情報処理システムに割り付ける．例えば「在庫数をすぐに確認」という要求は，人が行うこともできるし，情報処理システムで行うこともできる．しかしながら，割り付けによって達成度や実現の容易性が異なる．このように要求分析においては，開発される情報処理システムに対する要求だけでなく，それをとりまく外部環境を含めた分析が重要となる．

例えば前述したKAOS法では，開発する情報システム中のサブシステムや，その外部（環境と呼ぶ）に存在する人や機械などをエージェントと呼び，分割

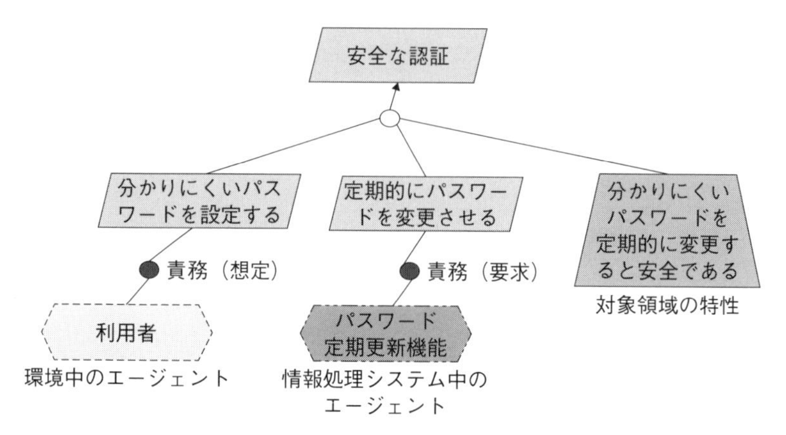

図 5.2　エージェントへのサブゴールの割り付けの例

されたサブゴールを，それを達成する責務を持つエージェントに割り付ける．つまりサブゴールがそれらのエージェントによって達成されるならば，上位のゴールが達成できると考えるわけである．図 5.2 は割り付けの例である．

情報処理システム中のエージェントは，その責務を果たすように作るわけであるからその割り付けは要求と呼ばれる．一方，外部の環境は開発対象ではなく，その責務を果たすことを期待することしかできないので，その割り付けは想定と呼ばれる．さらに，我々がゴールを分割する際には対象世界の性質を踏まえて行うが，これを対象領域の特性と呼ぶ．例えば上記のゴール分割は適切なパスワードを設定すれば安全である，という対象領域の特性に基づいたものであり，パスワードを信用しない人にとっては全く別のゴール分割になるだろう．

このように，要求分析を行う際には，これから構築する情報処理システムだけでなく，その外部との関係性をきちんと整理し，開発される情報処理システムへの要求が，環境に関するどのような前提や想定に基づいているかを明確にすることが重要である．

いずれにせよ，こうした作業の過程で，要求の構造化が適切でないと考えられる場合には，その構造化を再度検討することも重要である．こうした行きつ戻りつすることによって，要求が洗練されていく．

C）要求の優先順位付け

要求に対して相対的な優先度をつける．これは要求定義以降の開発にとって有用な情報となる．例えば開発を進めていく中で，要求される性能を達成するためにはコストが大きくなり，コストを抑えると十分な性能が出ないといった状況になるかもしれない．あるいは納期までに開発を終えるためにはすべての要求を実現することができず，それらの中からいくつかを選択しなければならない状況になるかもしれない．そうした際に，要求に優先度がつけられていると本来のビジネス目的の達成にとって，どちらの要求を優先すべきかの判断に利用できる．

D）要求交渉

ステークホルダによって要求の優先度付けは異なるかもしれない．あるいはステークホルダ間ではお互いに衝突する要求を持つかもしれない．こうした場合，ステークホルダの間で合意形成を行い，整合のとれた形で要求をまとめる必要がある．こうした合意形成の支援方法として，例えばWin-Win法，AHP法，デルファイ法などといった手法が活用できる．

(3)　要求仕様化

要求仕様化とは，要求分析の結果得られた要求を，定められた形式や表記法で記述する作業である．

仕様（specification）とは，システムの定義や検証を目的としたシステムの明確な記述である．生活言語や自由な図表を用いて記述された仕様を**非形式仕様**（informal specification），数理論理学などに基づいて記述された仕様を**形式仕様**（formal specification）と呼ぶ．前者は一般の文章として多くの人にとって読みやすいが厳密性に欠け，抜け・漏れ・曖昧さが排除しづらい．一方後者は厳密性には優れているが，例えば論理式で表現されるなど多くのステークホルダにとっては読みづらい．UMLに代表されるソフトウェアのためのモデルは，非形式仕様よりは厳密性があり，一方形式仕様よりは通常の人でも読みやすい性格を持っており，それを用いて記述された仕様は**準形式仕様**（semi-formal specification）と呼ばれる．実際の仕様書は，これらの記述方法を適宜使い分けながら記述されることが多い．

要求仕様は，要求に関する仕様である．これまで説明したように，要求はビジネスに対する要求，システムに対する要求，ソフトウェアに対する要求，など広い範囲を含んでいるため，仕様化にあたってはこれらのカテゴリを区別して記述することが望まれる．

(4) 要求検証

要求検証とは，記述された要求仕様書を確認する作業である．

まず，記述されている要求が妥当であるかどうかを，上述した要求のカテゴリに応じて確認する．まずビジネスに対する要求が，ビジネス目的に適合しているか，またステークホルダの要求を満たしているかを確認する．次に，システムに対する要求が，妥当性が確認されたビジネスに対する要求を満たすものであるかを確認する．さらにソフトウェアに対する要求が，妥当性が確認されたシステムに対する要求を満たすものであるかを確認する．

また記述されている要求を実現することのリスクを確認する．例えばそれを実行する人のスキルや経験から達成が難しそうな要求や技術的に実現上の困難がある要求などがないか確認し，そのような要求がある場合はその要求の回避や代替を検討することも重要である．

さらに要求仕様書そのものの品質を確認することも大切である．要求の記述に曖昧性がないか，矛盾がないか，優先度がつけられているかなどを確認する．

こうした確認作業は，関係者が集まって行うレビューという形で行われることが多い．また実際にシステムの一部を試作することで確認を行うプロトタイピングという手法が使われることもある．

5.1.4 本書での要求定義の進め方

本書での要求定義の進め方について，その全体像を概観する．なお要求定義の方法はさまざまであり，ここではそのうち 1 つの方法について説明する．図 5.3 に本書での要求定義の進め方の全体像を示し，以下に，各作業について簡単に説明する．

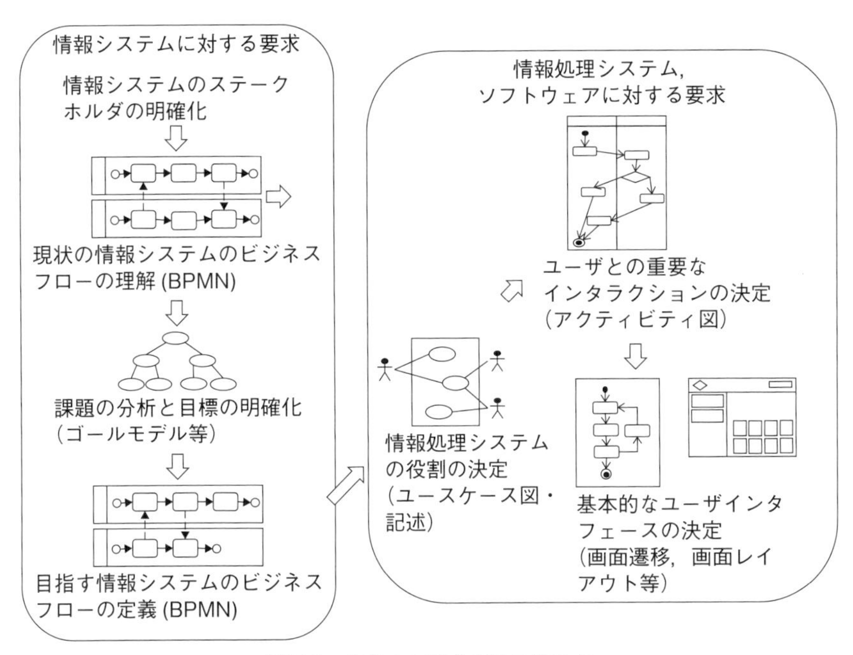

図 5.3 本書での要求定義の進め方

・情報システムのステークホルダの明確化：対象とするシステム（本書ではWeb アプリケーションを利用したアパレルのネットショッピングの情報システム）のステークホルダを明確にする．

・現状の情報システムのビジネスフローの理解：現状のシステムを理解する．対面販売や通信販売などネットショッピングでない場合のビジネスがどう行われているかを理解し，BPMN を用いてモデル化する（5.2 節参照）．

・課題の分析と目標の明確化：現状の情報システムにどのような解決すべき課題があるか，あるいはさらに目指す目標があるかなどを分析し，次のシステムが達成すべき目標を整理する．

・目指す情報システムのビジネスフローの定義：どのような情報システムがあれば目標を達成することができるか，目指すべきビジネスフローを定義し，BPMN を用いてモデル化する（5.2 節参照）．

・情報処理システムの役割の決定：情報システムのビジネスフロー中で，どの活動を情報処理システムが行うのか，あるいはどの活動を情報処理システムが支援するのかというように，情報処理システムの役割を決め，情報処理システムが人や組織あるいは外部のシステムに提供すべき機能を，ユースケース図やユースケース記述を用いてモデル化する（5.4 節参照）．

・ユーザとの重要なインタラクションの決定：ユースケースに基づき，情報処理システムが外部とどのようなやりとりをするかを，アクティビティ図を用いてモデル化する．特に Web アプリケーションの場合は，ユーザとのインタラクションの決定が重要となる（5.6 節参照）．

・基本的なユーザインタフェースの決定：Web アプリケーションはブラウザに表示される画面を通じてユーザとのやりとりをするため，どのような画面を使ってやりとりがされるのか，画面の間にどのような遷移があるのかを定義する（5.6 節参照）．

上記は大きな作業の流れを示しているが，実際の作業は一直線に進められるわけではなく，必要に応じて行きつ戻りつしたり，繰り返しをしながら進められる．

5.2 ビジネスプロセス

5.2.1 業務の流れ

(1) ビジネスプロセスの重要性

企業活動は端的にいえば製品やサービスを提供する活動といえる．その際に，外形的にどのような製品やサービスを提供しているかということだけでなく，組織の内部でどのような活動を行ってその製品やサービスを生み出しているかということが重要となる．

アメリカの経営学者の Michael Porter は，企業の競争優位性を理解するためには，その内部でどのように設計，製造，販売といった活動が行われているのか，また，その活動においてどのように他社との差別化がなされているかを分析することが重要であると指摘している［Porter, 1985］．さらに企業活動を購入物流，製造，出荷物流，販売・マーケティング，サービスの 5 つの主活動と，全般管理，人事・労務管理，技術開発，調達の 4 つの支援活動で捉え，それらの活動と関係性を改善することで競争優位を確保できるとする**価値連鎖**（value chain）という考え方を提示している．

簡単な例を考えてみると，製品をあらかじめ生産しておき，注文があれば在庫から販売するビジネスと，注文があってから生産を行い販売するビジネスを考える．両者はいずれも最終的には類似の製品を生み出しているかもしれないが，前者はすぐに納品できるが在庫を持たなければならない，後者は納品までの時間はかかるが在庫を持たなくて済むといった違いが出てくる．この違いは最終的に顧客にとってコストや納期の違いという形で現れる．このように何を提供しているか（What）だけを見ていては分からない違いが，活動の組み立て（How）を見ることで理解でき，それがどのような顧客価値の違いへとつながるかが捉えられる．

アメリカの学者の T. H. Davenport は，こうした，製品やサービスを生み出すために構成される活動の集合をビジネスプロセスと呼んでいる［Davenport, 1993］．製品やサービスの提供は顧客への価値の提供という観点から考えると，ビジネスプロセスはどのようにその価値を作り出すのかという，顧客視点で企業活動を捉えるものといえる．そうした意味で，現状のビジネスプロセスを理解し，そこに課題あるいは改善点があるかどうかを検討することが経営システムの構築にとって重要となる．

(2) IT 技術とビジネスプロセス

ビジネスプロセスの違いが異なった顧客価値を生み出し，それが競争優位性へとつながるため，企業にとっては自らのビジネスプロセスをより適切なものへと変更する必要がある．前述したようにビジネスプロセスとは内部の活動の組み立てであり，設計，製造，販売といった活動，あるいはそれらの関係性を見直すことである．例えば設計を変更してコストダウンをする，販売を変更して直販比率を増やす，あるいは決済方法を変更して利便性を高めるといったことである．これらの変革においては，それが顧客価値にどうつながるかを考えることが大切である．

なおビジネスの変更には，**ビジネス改善**（business improvement）と**ビジネス改革**（business innovation）がある．ビジネス改善は既存のビジネスプロセスを踏まえながら，その効率や効果を高める活動であり，一方ビジネス改革は現状のビジネスプロセスを大幅に変更し新しいビジネスプロセスにすることである．ビジネス改善はビジネスプロセスの一部を少しずつ継続的にボトムアップに変更していくものであるのに対し，ビジネス改革はより広範にトップダウンに変更するものと考えられる．ビジネス改革はうまくいった場合の効果も，失敗したときのリスクも大きくなる．

IT 技術の導入はビジネスプロセスの変更に大きなインパクトをもたらしうる．典型的にはインターネットの普及によりネットビジネスが広まったが，それは従来のビジネス形態，つまりビジネスプロセスを大きく変更するものである．例えば書籍の販売を考えると，従来は全国の書店に書籍を流通させ，顧客は書店でそれを購入していたが，ネット販売により顧客はインターネットで購入し，その後書籍が顧客へと配達されるようになった．こうしたビジネスプロセスの変更は，新たな顧客価値を生み出しているが，これはインターネットという技術がなければあり得ない．

T. H. Davenport は，IT 技術がビジネスプロセスにどのような影響をもたらすかを表 5.2 のようにまとめている．この文献は 1990 年代のものであるが，指摘されている内容は本質的に現在でも通用するものである．

表 5.2　IT 技術のビジネスプロセスへの影響（[Davenport, 1993] に基づく）

自動化する	人が行う作業をコンピュータで行う
情報を得る	生産性や品質などプロセスに関する情報を得る
手順を変更・統合する	情報共有で作業を並列化するなど手順を変える
追跡する	プロセスの状況や対象物を監視する
分析する	情報の分析や意思決定をする
地理的制約を減らす	通信などで離れた場所でのプロセスを調整する
統合する	分散して行われていたプロセスを協調させる
知的財産を共有する	個々の作業者の知識や経験を形式化，共有化する
仲介者をなくす	提供者と利用者を直接つなぎ効率化する

5.2.2 ビジネスプロセスモデリング

ビジネスプロセスの検討には，ビジネスプロセスを明示的に記述することが重要となる．本項ではビジネスプロセスの記述を目的とした **BPMN**（Business Process Modeling Notation）について紹介する．なお BPMN は記法が大変豊富であるが，ここでは基本的かつ重要な記法のみ紹介する．

(1) プロセス

図 5.4 は BPMN の記述例である．

以下は基本的なモデル要素とその意味である．

- **アクティビティ**（activity）：アクティビティは購入，決済，といった活動を表す．その活動が人・組織，機械・設備，情報処理システムの何によって行われるかは任意である．アクティビティは要素的なものであってもよいし，さらに複数のアクティビティによって実現される複合的なものであってもよい．要素的なアクティビティを**タスク**と呼ぶ．
- **イベント**（event）：イベントはそのプロセスに影響を及ぼしうる出来事，典型的にはそのプロセスの原因や結果となるものを示す．**開始イベント**（start event）はプロセスの開始という出来事を示し，**終了イベント**（end event）はプロセスの終了という出来事を示す．これ以外にも，メッセージの受信や送信を示すメッセージイベント，一定時間が経過することを示すタイマーイベントなどがある．
- **シーケンスフロー**（sequence flow）：シーケンスフローはイベントやアクティビティの間に定義され，アクティビティが実行される順序を示す．こ

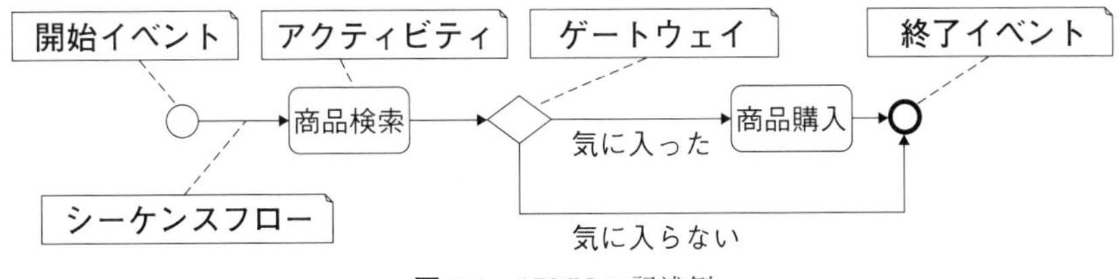

図 5.4 BPMN の記述例

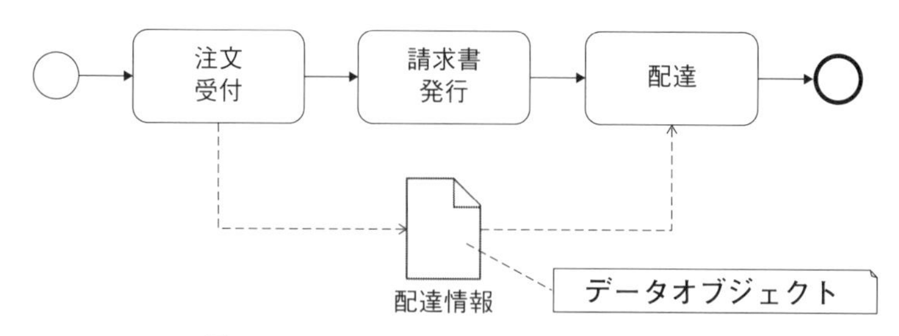

図 5.5　BPMN でのデータオブジェクトの記述例

れは実行権がシーケンスフローに沿って移動し，実行権を得たアクティビティが実行され，実行が終了すると次のアクティビティへと実行権を渡していると解釈することができる．こうした実行権の流れを**制御フロー**（control flow）と呼ぶ．一方，アクティビティの間の情報やデータの流れは**データフロー**（data flow）と呼ぶ．データフローを明示的に示す場合には，受け渡される**データオブジェクト**（data object）を記述する．図 5.5 はデータオブジェクトの記述例である．

制御フローとデータフローは一致する場合もあるし一致しない場合もある．例えば回覧板の回覧を考えると，回覧板というデータの流れと，それを読んでチェックするという制御の流れは一致する．一方，試験を受けることを考えると，問題用紙や解答用紙の配布というデータの流れでは解答という活動は開始せず，試験開始の合図によって開始する．制御フローとデータフローとの違いには留意する必要がある．

・**ゲートウェイ**（gateway）：ゲートウェイはシーケンスフローの分岐や合流を表す．ひし形のアイコンを記述した場合には，いずれかのフローが選ばれるといった排他的な分岐を表す．排他的な分岐以外にも，両方のフローが並行的に実行される分岐など，さまざまな種類のゲートウェイがある．

(2)　参加者とプール

ビジネスプロセスに参加する特定の会社のような実体，あるいは販売側，購買側といった役割を参加者と呼ぶ．一般にビジネスプロセスは，こうした参加者の協調によって実現される．図 5.6 は協調の記述例である．

前述したモデル要素に加えて，以下のようなモデル要素が付け加えられている．

- **プール**（pool）：プールはビジネスプロセスに参加する実体や役割を示す．プールの中にアクティビティやシーケンスフローを用いて，その参加者内部のプロセスを記述することができる．あるいは，内部のプロセスを記述せず，参加者を単に 1 つのプールとしてのみ表現することも可能である．
- **レーン**（lane）：プール中の区画を示す．内部のプロセスを記述する場合，プールをさらにレーンに分割して，アクティビティを分類することもできる．例えば会社をプールとし，部門をレーンとするなどの利用ができる．
- **メッセージフロー**（message flow）：メッセージフローは参加者間でのメッセージの流れを示す．表記としては，プール中に内部のプロセスが記述されている場合には，一方の参加者プロセス中のメッセージ送信のアクティビティと，他方のプロセス中のメッセージ受信のアクティビティの間にフローが記述される．プール中に内部のプロセスが記述されていない場合には，矢印の端がそのプールに接続される．

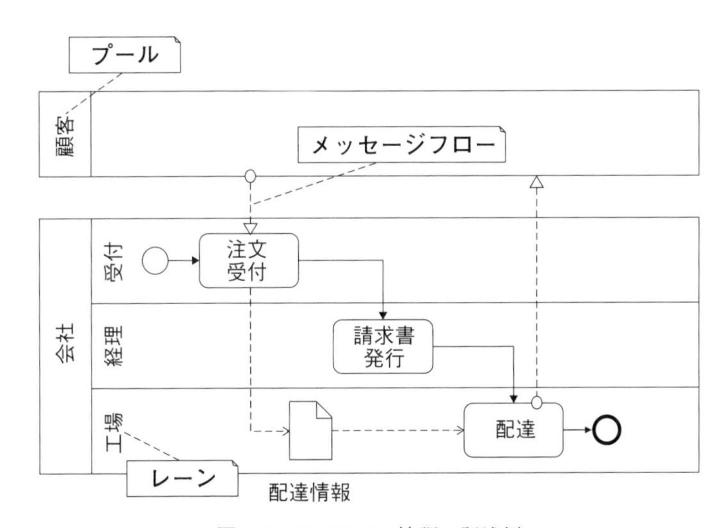

図 5.6 BPMN での協調の記述例

(3) タスクの型

情報システムは人・組織，設備・機械，情報処理システムから構成されるため，その活動（BPMN の記述におけるアクティビティ）の中には，例えば人が行う活動もあれば，計算機が行う活動もある．こうしたことを書き分けるために**タスクの型**（task type）を利用することができる．タスクの型はタスクに特定の意味を持たせるもので，アクティビティの記号の左上部に，種類を表すアイコンを表示することで示す．表 5.3 は，タスクの型の代表的な例である．

ここでアプリケーションとは，計算機上で動作して業務を支援するプログラムのことを意味し，これらのタスクの型によって，そのアクティビティに対して情報処理システムがどういう関与をしているかを示すことができる．図 5.7 はタスクの型を付与した BPMN の記述例である．

4.4 節で説明した SDEV 社の既存ビジネスにおける「買い付け業務」と「店頭販売業務」の BPMN の記述例を図 5.8 と図 5.9 にそれぞれ示す．

5.2.3　演習 2：ビジネスプロセスの可視化

ビジネスモデルを理解し，その課題や改善点を検討するためには，それらを可視化することが有用である．ここでは 4.4 節で説明した衣料販売会社 SDEV 社のビジネスモデルを理解するために，BPMN を用いてそれを可視化する．

表 5.3　BPMN のタスクの型の代表的な例

型	説明	アイコン
マニュアルタスク	アプリケーションの支援を受けずに人が行う活動 例）商品を運ぶ	
ユーザタスク	アプリケーションの支援を受けて人が行う活動 例）Web アプリで商品を購入する	
サービスタスク	自動的に行われる活動 例）Web アプリでの購入履歴を記録する	

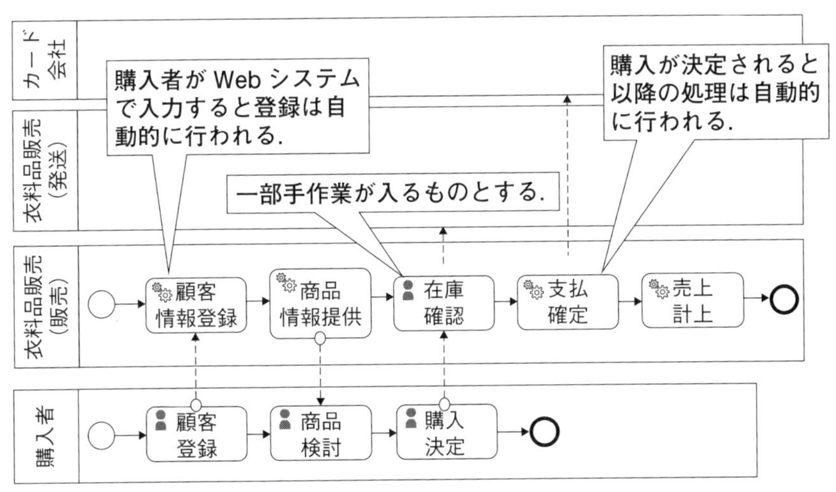

図 5.7　タスクの型を付与した BPMN の記述例

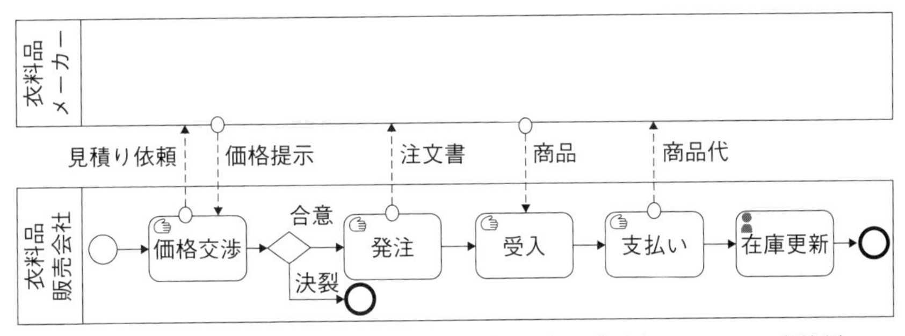

図 5.8　SDEV 社の既存ビジネスにおける「買い付け業務」の BPMN の記述例

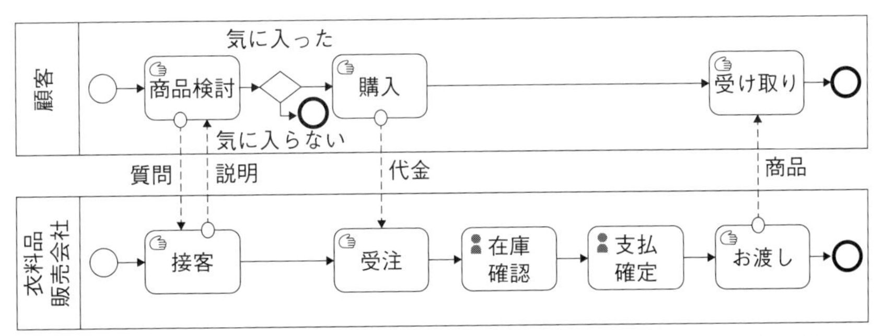

図 5.9　SDEV 社の既存ビジネスにおける「店頭販売業務」の BPMN の記述例

(1) BPMNの記述

Webシステム導入後のビジネス（4.4.4項参照）における以下のサービス（業務）について，BPMNを記述しなさい.

・「商品受け入れサービス」（図4.11参照）
・「販売サービス」（図4.12参照）

前述したSDEV社の業務を基に，以下の手順で記述する.

1. 対象とするサービスに注目する：ビジネスの全体像（図4.10参照）の中での対象とするサービスの位置付けを確認し，それがどのような役割，組織などと関わっているかを調べる.
2. プール（レーン）を定義する：対象とするサービスに関わる役割，組織などをBPMNのプールやレーンとして表現する.
3. サービス中の処理をアクティビティとして該当するプールに配置する：対象とするサービス中の処理を，BPMNのアクティビティとし，それを実行するプールやレーンの中に配置する.
4. メッセージフローを記述する：各プール（役割，組織）は，お互いにやりとりをしながら処理を進める．どのようなやりとりがあるかを識別し，メッセージフローとして記述する.
5. アクティビティにタスクの型を付与する.
6. BPMNとして完成させる：上記だけでは断片的であるため，ビジネスの流れが記述しきれない．必要な処理やメッセージフローなどを自分で補完しながら，BPMNとして完成させる.
7. 自分でさらに整理・拡張・変更する：提示されているSDEV社の業務は，基本的かつ最低限の内容のみを記述したものである．自分なりに考えて，内容を整理したり，新たな処理を付け加えたり，既存のフローを変更するなどしてみよう.

(2) メリット・デメリットの検討

既存ビジネスにおける「店頭販売業務」のBPMN（図5.9参照）と，(1)で記述したWebシステム導入後の「販売サービス」のBPMNを比較して，Webシステム導入によって，どういうステークホルダに対してどのようなメリット・デメリットが生まれると考えられるか．メリット・デメリットごとに，以下の項目をまとめる．

・ステークホルダ：誰に対するメリット・デメリットか
・メリット・デメリット
・上記に最も関係の深いBPMNのタスク

5.3 システム思考とシステム方法論

情報システムは経営システムの目標を達成するための情報を扱う仕組みである．情報システムは，コンピュータだけでなく，それを使う人や組織，あるいは設備などを全体として目標を達成するようにデザインしなければならない．さまざまなことを関係づけて全体として考えることをシステム思考という．情報システムのデザインではまさにシステム思考することが必要である．

システム思考を用いたシステムデザインでは，現状の分析と実現したいあるべきシステムの姿を比較して何がデザインの目標なのかを見極めることが重要である．システム思考に基づいて実際にデザインする問題状況に介入して目標設定のための分析をするための考え方がシステム方法論である．

情報システムを導入して問題状況を改善するシステムをデザインする場合，問題状況の特性の把握が容易ではなく，解決すべき問題や達成すべき目標が明確でないことが一般的である．ソフトシステム方法論（SSM: Soft Systems Methodology）は，1970年代にイギリスのシステム科学者のP. Checkland［Checkland, 1981］，［Checkland, 1999］が，それまでの実践的なプロジェクトの経験を積み重ねた中から，問題状況に関与している人々がさまざまな価値観を持っているような複雑な状況において，システムの目標を生成し，状況を学習・改善するプロセスとして提唱した方法論である．

SSMはこれまで日本を含む多くの国で取り入れられ実践的な適用がされ，システムデザインや問題解決が行われてきた．その過程でSSMの方法論としての構成も変化してきたが，SSMを構成している基本的な考え方は，リッチピクチャー（rich picture）と根底定義（root definition）にある．

リッチピクチャーは，さまざまな価値観を持った関与者を含んだ問題状況の現状を自由に記述したものである．リッチピクチャーによって，複雑な状況の中から，どういった関与者が含まれ，何がシステムに関係しているのかを関連システムとして抽出する．

根底定義は，システムが一体何を達成するのかを目標生成的活動として表現する．達成すべき目標生成的活動を考える際に考慮するとよいこととして，CATWOE（キャットウォー），PQR，３つの E がある．CATWOE は , それぞれ customer，actor，transformation，world view（weltanschauung（独）），owner，environment の頭文字をつなげて表している．CATWOE により，デザインしたいシステムは何を行うのか（T），それを意義付ける行為者の世界観は何か（W），システムの活動により影響を受ける受益者は誰か（C）, システムを実行する行為者は誰か（A）, システムを中止できる責任者・所有者は誰か（O）, システムを取り巻く環境で考慮すべき要因は何か（E）を同定する．また PQR は，「R を達成することにつなげるために，Q という手段によって，P を行う」システムとして表現することで，どういうシステムをデザインすべきなのかを整理する．

３つの E は，Efficacy，Effectiveness，Efficiency の頭文字で，システムが実行する活動がシステムの目標を達成しているかどうかを常にモニタリングし評価するための基準を表している．Efficacy（有効性）はその活動によってシステムの目標を達成することができるかどうか，Effectiveness（効果性）は実施された活動によってシステムの目標を達成したかどうか，Efficiency（効率性）はより少ない資源で活動の出力をより多く得られたかどうかを与えている．この３つの E は情報システムに限らず，政策等の一般の活動システムの評価においても有効的である．

SSM を情報システムのデザインに利用することは SSM が開発された初期から盛んに行われており，SSM はシステム思考に基づく情報システムの要求分析には非常に有効な方法論の１つといえる．

5.4 ユースケース

5.4.1 要求定義とユースケース

5.2.1 項で説明したように，ビジネスプロセスは企業が製品やサービスを作り出していく際の活動群を表している．その活動は人・組織，設備・機械，情報処理システムの協調によって実現されている．ビジネスプロセスのモデル化によって，それらの活動のうち，どれが情報処理システムによって行われるか，あるいはどれが情報システムの支援によって行われるかという基本的な方針を整理することができる．それに基づいて情報処理システムの分析をさらに進める際には，ユースケース図やユースケース記述を活用することが有用である．

ユースケース（use case）はシステムの利用のされ方，活用の事例，といった一般的な意味で使われることもあるが，ソフトウェアのモデリングの世界では，ここで説明するユースケース図やユースケース記述において，システムが外部に提供する機能のことを意味する．ユースケースの機能は，そのシステムが達成すべき本来の目的にとって直接的に意味のある機能を指す．ネットショッピングシステムでいえば，商品を選択するための機能や商品を購入するための機能はユースケースとなりうる．一方，本来の目的に間接的に関わる機能や，内部的な機能はユースケースとして表現しない．例えば，通信する，四則演算をする，といった機能はユースケースとして表現してはならない．

またユースケースは，システムの持つ機能を大きく捉えることが目的なので，個別詳細な機能を事細かに列挙することはしない．例えば商品を検索するためには，カテゴリ検索，メーカー検索，キーワード検索，価格順検索などさまざまな検索方法があるが，それらを大きく捉えて商品検索のユースケースとするということである．もちろん何が大きく何が小さいかは，システムの機能全体の中でのバランスの問題である．まずは，システム全体の機能を最大 6 〜 7 個のユースケースでまとめることを目安とする．

ユースケースはシステム外部に提供する機能であるから，ユースケースを定義するためには，システムの内側と外側，つまり境界を明らかにする必要がある．今まで見てきたように，要求定義の進行に伴い解決したい問題や達成したい目標をより詳細な要求へとブレークダウンし，それらがシステムのどの構成要素によって達成されるのかを割り当てる．情報処理システムを作るという立場からいえば，情報システムの中で，どの部分が情報処理システムの役割なのかが明らかになる段階になって初めてユースケースの検討ができるのである．

5.4.2　ユースケース図

ユースケースを記述するための方法として，**ユースケース図**（use case diagram）が使われる．ユースケース図は，ソフトウェアのモデリング言語の国際標準であるUMLに含まれる図法の1つである．なお，UMLについては5.5節も参照されたい．図5.10は販売サービスにおける情報処理システム（ネット販売システム）のユースケースの記述例である．

以下は基本的なモデル要素とその意味である．

- **サブジェクト**（subject）：注目しているシステムを示す．
- **ユースケース**（use case）：そのシステムが外部に提供する機能を示す．
- **アクタ**（actor）：サブジェクトと関わる外部の役割を示す．
- **関連**（association）：ユースケースとそれに関わるアクタとの関係を示す．

アクタは外部の実体ではなく，役割を示すという点には注意が必要である．

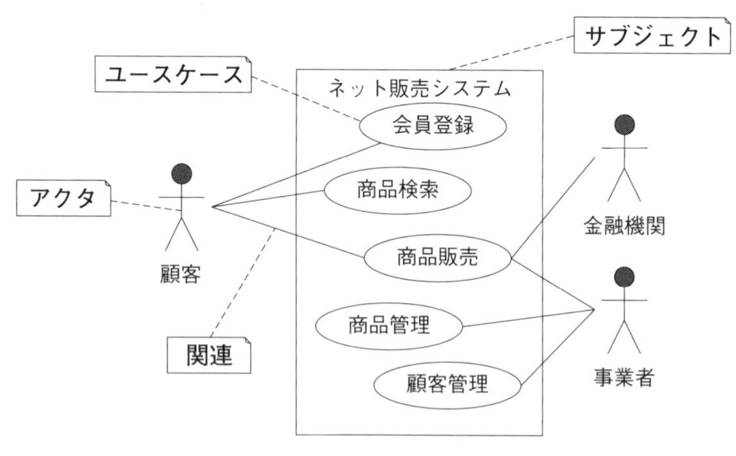

図5.10　ユースケース図の例

例えばネット販売システムとやりとりするものとして顧客という役割と，事業者という役割が考えらえる．役割が異なれば，関わるユースケースや行える権限は異なる．同一人物でも，仕事中に事業者の役割でやりとりする場合と，自宅で顧客としての役割でやりとりする場合は区別されるということである．なおアクタは人の形をしたアイコンではあるが，人間である必然はなく，外部の組織，機械・設備，システム，あるいは環境であっても構わない．

関連は，アクタがあるユースケースのトリガとなったり，そのユースケースの機能を利用したりといった関係性を示す．例えば顧客が商品販売を指示することがトリガとなって商品販売というユースケースの機能が実行されたり，顧客管理というユースケースの機能が，顧客一覧を事業者に提示するといったりする関係性を表す．

ユースケースの間には，**包含**（includes）と**拡張**（extends）という関係を定義することができる．あるユースケースの実行に必須な機能があり，かつその機能が本来の目的にとって意味があるものである場合，前者を包含側のユースケース，後者を被包含側のユースケースとして，包含関係を定義することができる．特に，「商品販売」にも「商品返品」にも「決済処理」が包含されるなど，複数のユースケースに含まれ，かつ重要な意味を持つユースケースを明示的に示す場合などに使われる．一方，あるユースケースの実行中に挿入されるかもしれない機能があり，かつその機能が本来の目的にとって意味がある場合，前者を被拡張側のユースケース，後者を拡張側のユースケースとして，拡張関係を定義する．例えば，「購入」したのが会員の場合に限って「特典処理」

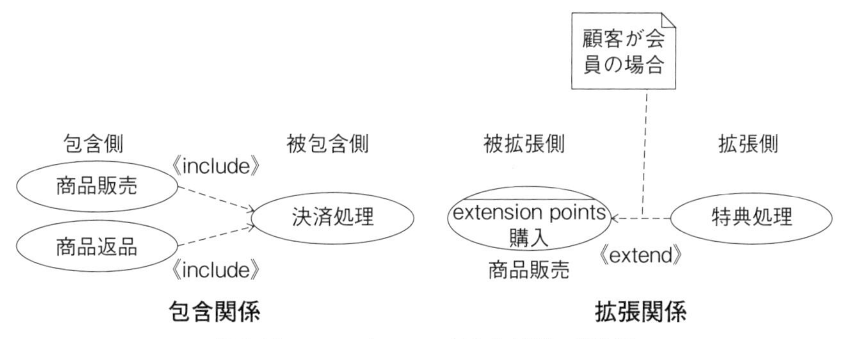

図 5.11 ユースケースの包含と拡張の記述例

というユースケースが含まれるといったことを示すために使われる．図 5.11 に包含と拡張の記述例を示す．破線矢印の方向に気を付けること．

5.4.3　ユースケース記述

ユースケース図は，システムの持つユースケースとアクタとの関係を概観するためには有用だが，それぞれのユースケースがどのようなものかという詳細は分からない．実際に情報処理システムを開発するためには，それだけでは不十分であり，ユースケース 1 つに対して 1 つの**ユースケース記述**（use case text）を作成する．

ユースケース記述の記述にはいくつかの方法があるが，以下は典型的な記述項目である．

・ユースケース名
・アクタ：そのユースケースと関連で結ばれているアクタ名
・目的：そのユースケースが行おうとすることを簡潔に説明した記述
・基本系列：このユースケースが実行され，目的を達成できる際の，最も典型的な活動や処理の系列の記述
・代替系列：このユースケースが実行され，目的を達成できる基本系列以外の系列がある場合，その記述．拡張ユースケースが実行されるような状況も代替系列として記述可能
・例外系列：このユースケースの目的が達成されない系列に関する記述

なお系列は，そのユースケースがどのようなトリガで実行され，アクタとどのようなやりとりが行われるかを記述するものである．要求定義のこの段階では，具体的なユーザインタフェースなどの設計はなされていないことが通常であるので，決済ボタンを押すといった操作レベルではなく，決済を指示するといったタスクレベルでの記述を行うことが多い．また書籍によっては，基本シナリオ等，系列ではなくシナリオという用語を用いて説明している場合もあるが，ユースケース記述におけるシナリオは，要求獲得で説明した利用状況の具体的かつ例示としての記述ではなく，アクタとユースケースの間のやりとりの系列を一定の一般性を持って記述したものとなる．また代替系列や例外系列の

ユースケース名：　商品検索
アクタ：　顧客
目的：　指定した条件に合致する商品の情報を得る
基本系列：1. 顧客が検索条件を入れて検索を指示する
　　　　　2. 検索条件に合致する商品の一覧を在庫数とともに提示する
代替系列：(お薦め商品提示)
　　　　　1. 2. は基本系列と同様
　　　　　3. 顧客情報がある場合には，お薦め商品をあわせて提示する

ユースケース名：　商品販売
アクタ：　顧客，事業者，金融機関
目的：　指定した商品の購入をし，代金の決済処理を行う
基本系列：1. 顧客が商品を選択しカートに入れる
　　　　　2. 顧客がレジに進み必要な情報を入力する
　　　　　3. 顧客が決済を指示し，システムが金融機関に決済を依頼する
　　　　　4. 事業者が商品の発送処理を行う
代替系列：(特典処理)
　　　　　1. 2. 3. は基本系列と同様
　　　　　4. 顧客が会員の場合には，決済金額に応じたポイントを加算する
　　　　　5. 基本系列の 4 と同様
例外系列：(決済失敗)
　　　　　1. 2. 3. は基本系列と同様
　　　　　4. 決済が失敗した場合には，決済不可を通知する

「商品管理」「顧客管理」については省略

図 5.12　ユースケース記述の例

捉え方についても書籍によって異なる場合がある．図 5.12 にユースケース記述の例を示す．

5.4.4　演習 3：ユースケースの作成

本課題では演習 2 で作成した「販売サービス」の BPMN を手がかりに，開発する情報処理システムがどのような使われ方をされるのかをユースケースを用いて整理する．

(1)　ユースケース図の作成

基本的に以下の手順で行う．

1. サブジェクト（対象システム部分）の明確化

タスクの型に基づき，対象とする情報処理システムが支援するユーザタス

クや自動的に実行するサービスタスクを明確化する．それらの支援や実行を行うことが，サブジェクト（これから開発する情報処理システム）の機能となる．

2. アクタの識別

上記のサブジェクトがどのようなアクタと関わるかを識別する．例えば，以下のようなものがアクタとなりうる．

・タスクが実行されるきっかけを与える．

・タスクを実行する際にやりとりがなされる．

3. ユースケースの決定

システムの外部にとって意味のあるタスクに注目してユースケースを決定する．意味や粒度を考えながら必要に応じて複数のタスクを1つのユースケースにグルーピングする．

4. 関連，包含関係，拡張関係の定義

すべてのユースケースは少なくとも1つのアクタと関連で結ばれる．一方包含関係や拡張関係は必ず定義しなければならないものではない．被包含側や拡張側の機能が，意味のある機能と判断されたときに限って，定義すればよい．

5. 名前をつける

サブジェクトやユースケースに対して内容を表す適切な名称をつける．なお，ユースケースの命名方法に決まりはないが，一貫性を持った名称をつけること．例えば「販売する」という名称と「発送」という名称が混在するような命名は望ましくない．

(2) ユースケース記述の作成

(1) で記述したユースケース図中のユースケースを2つ選び，それぞれに対してユースケース記述を書く．選んだユースケースごとに，以下を記述する．

・ユースケース名

・アクタ：そのユースケースと関連で結ばれているアクタ名

・目的：そのユースケースが行おうとすることを1，2行程度の文章で説明する．

・基本系列：このユースケースが実行され，目的を達成できる際の，最も典型的な活動や処理の系列を記述する．

・代替系列：このユースケースが実行され，目的を達成できる，基本系列以外の系列がある場合には記述する．拡張ユースケースが実行されるような状況も代替系列として記述可能．

・例外系列：このユースケースの目的が達成されない系列がある場合には記述する．

5.5 UML

本書で紹介しているユースケース図，アクティビティ図，シーケンス図，クラス図などの記述方法はいずれも **UML**（Unified Modeling Language）として標準化されている国際標準である．ここではUMLについて紹介したい．なお，一般に記述方法はシンタクス（syntax, 文法）と，そのセマンティクス（semantics, 記述されたものと意味世界とのマッピング）を持つ．本節では両者を含めて図式表現という用語で説明するが，データフロー図など，一般に呼びならわされている用語はそのままの用語で記述する．

5.5.1 UML までの経緯

さまざまな工学分野においてモデルが利用されているが，ソフトウェア工学においても，図式表現を用いることは早い時期から行われてきた．例えばフローチャートはプログラミングの登場とほぼ同時に使われ始めている．一方，1968年のNATOのソフトウェア工学会議（この会議で「ソフトウェア工学」という名称が使われ始めたことは有名な話である）では，プログラミングよりも上位の概念を表す記法が必要であるとの意見も出されている．これはすなわち，ソフトウェアの規模や複雑さが拡大する中で，いわゆる上流工程の重要性が叫ばれ始めた時代と重なる．

1970年代にはそうした上流工程に焦点を当てた重要な図式表現が提案される．機能中心の分析・設計手法で使われるデータフロー図や，データ中心の分析・設計で使われる実体関連モデルである．さらに1980年代には，状態を持ったシステムの記述を行うために従来の状態遷移図を拡張したステートチャート（state chart）が提案され，やがてソフトウェア工学の分野での状態遷移記述として広く使われるようになる．

1970年代の後半に登場した**オブジェクト指向**（object oriented）の考え方は，C言語との互換性を持ったC++の登場などにも支えられ，1980年代後半あたりから現場でも徐々に普及し始めた．そうした背景を受け，1990年前後にオブジェクト指向の考え方で分析・設計を行う手法が数多く提案されたが，手法ごとに独自の図式表現が利用されていた．例えばスウェーデンのコンピュータ科学者のIvar Jacobsonはユースケースを，アメリカのソフトウェア技術者のJames Rumbaughは実体関連図を発展させたクラス図を提案した．また同じくアメリカのソフトウェア技術者のGrady Boochの雲形のオブジェクト図も著名なものの1つであった．しかしながら，そうした手法が数十も提案される状況となり，図式表現も乱立状態となった．

5.5.2　UMLの登場

そうした中，この分野に大きな影響力を持っていた，上記Ivar Jacobson, James RumbaughおよびGrady Boochの3人が米国Rational社に集まり，図式表現の統一を図って作られたのが統一モデリング言語UMLである．この3人は俗に3人の仲間（3 amigos）と呼ばれている．UMLは当初Rational社が管理していたが，その後業界団体であるOMG（Object Management Group）が管理をするようになった．1997年に1.1版がリリースされた．その後2005年に2.1版になり大幅に内容が拡張され，さらに2017年に2.5.1版となって内容の整理が行われている．いくつかの版はISOとして国際標準とされており，例えば2.4.1版はISO/IEC 19505-2:2012として出版されている．

5.5.3　UMLの概要

UMLはソフトウェア開発で利用されることが有用と考えられる図式表現を14種類含んでいる．UML2.5版の図式表現一覧を表5.4に示す．

表のようにUMLの図式表現は時間に関わらない静的な構造を示す構造図と，時間に沿ったシステムの変化やふるまいを示すふるまい図に分類される．なおUMLで扱うふるまいは離散的なふるまいであり，連続的なふるまいは対

表 5.4　UML2.5 版の図式表現一覧

<table>
<tr><td rowspan="7">構造図
(structure diagram)</td><td colspan="2">クラス（class）図</td></tr>
<tr><td colspan="2">コンポーネント（component）図</td></tr>
<tr><td colspan="2">オブジェクト（object）図</td></tr>
<tr><td colspan="2">複合構造（composite structure）図</td></tr>
<tr><td colspan="2">配置（deployment）図</td></tr>
<tr><td colspan="2">パッケージ（package）図</td></tr>
<tr><td colspan="2">プロファイル（profile）図</td></tr>
<tr><td rowspan="7">ふるまい図
(behavior diagram)</td><td colspan="2">アクティビティ（activity）図</td></tr>
<tr><td rowspan="4">インタラクション
(interaction）図</td><td>シーケンス（sequence）図</td></tr>
<tr><td>コミュニケーション
(communication）図</td></tr>
<tr><td>インタラクション概観
(interaction overview）図</td></tr>
<tr><td>タイミング（timing）図</td></tr>
<tr><td colspan="2">ユースケース（use case）図</td></tr>
<tr><td colspan="2">ステートマシン（state machine）図</td></tr>
</table>

象外となっている．UML はソフトウェア開発に必要なすべての図式表現が揃っているということではなく，よく使われる図式表現がおおむね含まれているという理解が適切である．なおデータフロー図はアクティビティ図によって表現することになっており，また状態遷移図やステートチャートといった名称ではなくステートマシン図という名称になるなど，従来の名称が使われていない部分があり，注意が必要である．

5.5.4　UML の特徴

UML の大きな特徴は，それがカスタマイズ可能という点である．以下，この点について説明する．

UML に基づいて書かれた具体的な図式表現（例えばある会社のビジネスプロセスを記述したアクティビティ図や，ある情報システムが必要とする情報を

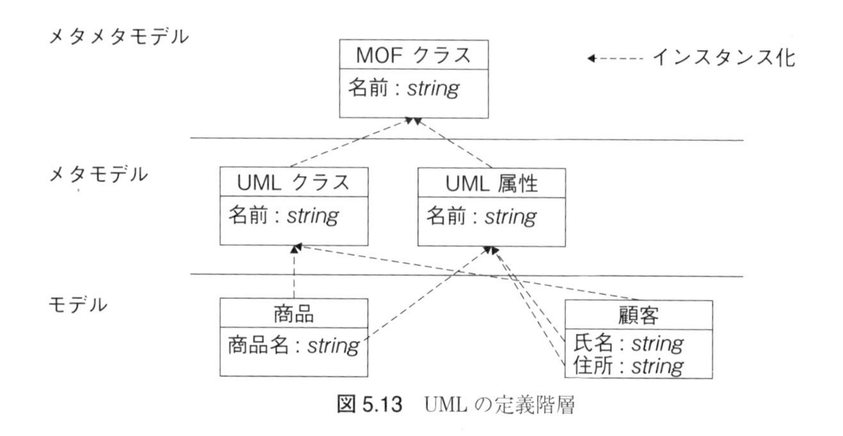

図 5.13　UML の定義階層

記述したクラス図など）を，UML では**モデル**（model）と呼ぶ．アクティビティ図やクラス図などはそれぞれ記述方法が決まっているが，そうした「モデルを記述するための規則」を定義したモデルを**メタモデル**（metamodel）と呼ぶ．つまりアクティビティ図のためのメタモデルや，クラス図のためのメタモデルが存在する．これらのメタモデルは，「モデルを記述するための規則を記述するための規則」に基づいて記述されているが，この規則を定義したモデルを**メタメタモデル**（meta metamodel）と呼ぶ．すなわち 14 種類の図式表現のメタモデルはすべて同一のメタメタモデルを用いて記述されていることになる．このメタメタモデルの中枢部には MOF（Meta Object Facility）と呼ばれる定義部分がある．以上の直感的なイメージを図 5.13 に示す．メタメタモデルで定義されている MOF クラスなどを用いて，メタモデルでは UML クラスなどが定義され，一般の利用者はその UML クラスなどを用いてクラス図などのモデルを記述することになる．

メタメタモデルには，文法を拡張したりカスタマイズしたりするための機能として**ステレオタイプ**（stereotype，モデル要素に特定の意味を与える機能）や，**プロファイル**（profile, さまざまな拡張定義をパッケージとしてまとめる機能）などが含まれている．これらを用いて既存のメタモデルをカスタマイズすることができる．例えば自分のために特殊化したクラス図のメタモデルを作ることが可能となる．

こうしたカスタマイズ機能が必要な理由は，UML をさまざまな種類のソフトウェア開発に使ったり，開発のさまざまな段階で利用したりすることを可能とするためである．例えば BPMN（5.2.2 項参照）は，ビジネスプロセスを書くことに特化した図式表現なので，ビジネスプロセスの記述に便利な記述要素があらかじめ用意されており便利である．しかしそのために BPMN はビジネスプロセスの記述以外の目的には使えない．UML は汎用性を狙っているためにあらかじめ特定目的の記述要素を用意することができない．その代わり，特定目的の記述要素を使いたければ，カスタマイズ機能を用いてその目的向けに図式表現を修正・拡張することが可能となっている．

典型的な用途に対しては，あらかじめプロファイルが提供されているので，それを用いることで，自分でカスタマイズをしなくてもその用途に適した図式表現を利用することができる．例えば OMG では，エンタープライズシステム，組込みシステムなどの用途にあわせたプロファイルを公開している．さらにカスタマイズ機能を用いることで，新たな図式表現を作ることも可能である．例えばシステムエンジニアリング向けの図式表現である SysML［OMG, 2012］は，UML のプロファイルとして作られている．

5.5.5 UML の活用

UML の典型的な利用方法の 1 つは，開発に関わる人の間での文書化やコミュニケーションの手段としての利用である．通常の生活言語や直感的な図による記述は分かりやすいが不正確であり，どうしても多くの抜け漏れや曖昧さが生じる．UML はそうした記述方法に比べてシンタクスやセマンティクスが厳密になっているため，そうした問題を減らすことができる．また国際標準であり，多くの人で共有できるため，有利である．なお，UML により厳密な意味を与える拡張も検討されている．例えば，OMG が標準化している**オブジェクト制約言語**（OCL: Object Constraint Language）［OMG, 2014］は，UML のモデル上のさまざまな制約をより厳密に記述するための言語である．

UML の利用方法のもう 1 つは，モデルを利用したソフトウェア開発の基盤としての使い方である．OMG では **MDA**（Model Driven Architecture）［OMG, 2003］という用語を用いているが，その他**モデル駆動工学**（Model Based Engineering）など多くの用語がある．ここではモデル駆動工学という用語で説明する．モデル駆動工学はプログラミング言語よりも抽象度の高いモデルを開発の中心に据えることで，生産性，再利用性，相互運用性を高めようというものである．この開発方法を支えるのは，モデルをマシン処理することによる**変換**（transformation）技術である．これにより，例えばモデルを記述することで実際に動作するプログラムを生成したり，あるいは汎用的なモデルから，特殊な環境や用途のモデルを生成したりということが可能となる．この分野では，UML のメタモデル階層を活用した変換技術が主流である．OMG では変換仕様である **QVT**［OMG, 2015］を標準化しており，これに準拠したさまざまな開発ツールが作られている．

このように，UML に代表される図式表現はソフトウェア開発の重要技術として広く活用されている．

5.6　情報処理システム・ソフトウェアへの要求

ここまでに，ビジネスや情報システムについて，現状の理解，ゴールの分析，将来システムの定義，ユースケースの定義などを行ってきた．ユースケースは，情報システムの中において情報処理システムがどのような役割を果たすべきかを示している．本節ではここまでの作業を踏まえ，情報処理システムやソフトウェアに対する要求を検討する．なお，情報処理システムの形態は多様なので，本節ではネットショッピングのための Web アプリケーションを想定して説明をする．

5.6.1　情報処理システムへの要求

情報処理システムは，コンピュータや通信機器などのハードウェアと，コンピュータ上で稼働するソフトウェアによって構成される．ここではハードウェアに対する要求について簡単に触れ，5.6.2 項以降でソフトウェアに対する要求について説明する．

一般にハードウェアに関しては，コンピュータやネットワーク機器などについて，その物理的な設置場所，求められる性能，セキュリティ条件，あるいは運用方法などさまざまな観点からの要求を整理する必要がある．また金融機関のシステムなど，外部のシステムとのやりとりがある場合には，そのインタフェースを決める必要がある．ネットショッピングのシステムでは店舗が提供するサーバ側のシステムに関しては，こうした観点からの検討が重要となる．

一方，Web アプリケーションの場合，顧客側のハードウェアは顧客が保有するパソコンやスマートフォンであり，それをインターネットへ接続して利用するので，このシステムのためにハードウェアを新規に用意するようなことは通常ない．そのため，顧客がどのようなハードウェアを保有し，どのような環境でそれを利用するのかという想定を適切に設定することが重要となる．

例えば自宅に設置したパソコンから使うのか移動中にスマートフォンから使うのか，あるいは光ネットワークに接続して利用するのか，モバイル通信を利用するのかなどの想定の違いによって，どのような機能や情報をどの程度の性能で提供できるのかが大きく変わる．こうした想定を誤ると，ターゲットとするユーザにとって適切なサービスを提供することができなくなる．

こうした想定を行うためには，そもそもどういう顧客に対して，どういう商品を販売するのか，そうした顧客は，どのような状況においてどのようにショッピングを行うのか，といったビジネスそのものに対する理解や分析が不可欠となる．

5.6.2　ソフトウェアへの要求

情報処理システムの中で，ハードウェアは基盤的な役割をし，その上でソフトウェアが稼働する．情報処理システムがどのような機能をどのように提供するのかという多くの部分はソフトウェアによって決定されるため，そこへの要求定義は重要である．

ソフトウェアへの要求の定義方法はさまざまだが，本書ではユーザと Web アプリケーションがどのようなやりとりをしながらどのような機能を提供するのか（システムのふるまい），そのやりとりはどのような画面を通して行われるのか，複数の画面がある場合にはそれらはどのように切り替わるのか（画面と画面遷移）ということに関する要求について考える．以下，対象とする Web アプリケーションのことを対象アプリと呼ぶ．なお，図 5.10 のユースケース図でいえば，ユーザに相当するアクタとして「顧客」と「事業者」が相当するが，ここでは特に「顧客」とのやりとりや機能について，その要求を検討する．

対象アプリへの要求を考える際に重要なことは，これから構築する情報システムはそもそもどのようなビジネスにおいて，どのような目的を達成するためのものなのか，対象アプリが情報システム全体の中で果たしている役割は何なのか，ということを原点にすることである．それらと切り離して，単に技術的に高度なものをつくればよい，最先端のトレンドを取り入れればよい，といった観点で要求を検討することは間違っている．例えば，どのような端末からでも幅広く使えるためには，十分に普及している一般的な技術のみで実現することが必要かもしれない．シニア層を対象にする際には，最新の技術よりも安定した技術を利用することが有効かもしれない．対象アプリの機能，ふるまい，画面への要求を定義するためには，より具体的かつ詳細に利用シーンを検討する必要がある．

ネットショッピングのWebアプリであれば，例えば以下のような点を明確にすることは有用である．

・対象顧客：どのような顧客を対象にするのか（年齢層，職業，性別，特定の趣味を持つ人，など）
・対象商品：どのような商品を提供するのか（日用品か嗜好品か，高級品か普及品か，など）
・ショッピングのされ方：顧客はどういう場所，どういう状況で，どういう買い方をするのか（家庭なのか外出先なのか，何日もじっくり検討するのか，即決するのか，など）

これらを踏まえ，情報システムが解決する目的や達成したい目標に照らして，情報処理システムがどのような特徴を持つべきかを考える．新規顧客を取り込みたいのであればターゲットとすべき顧客層をひきつけるポイントはどこなのか，リピート客を増やしたいのであれば繰り返し利用することのメリットはどこなのか等，狙いを明確にする．

こうした検討においては，抽象的な言葉で総花的な検討をするのではなく，例えば具体的な人物像を設定し，その人がショッピングを行うシーンをイメージすることも有用である．最も典型的なターゲットを具体的に思い描けないならば，そもそもビジネス目的が絞り込まれていないともいえる．

上記を踏まえて，ここでは以下を定義する．

・ユーザとの重要なインタラクションの決定：ユースケースなどに示される重要な利用状況に関して，顧客と対象システムがどのようなやりとりをしながら作業を進めるのかを定義する．定義にはアクティビティ図を用いる．後掲の図 5.17 はアクティビティ図でのやりとりの記述例である．この検討は，単にシステムの表層的な使い方をイメージするだけでなく，背後にあるビジネスフローを広く捉えて行うことが重要である．

・基本的なユーザインタフェースの決定：Web アプリケーションは，画面を通じて顧客とやりとりをするため，どのような画面を用いるのか，また複数の画面がある場合には，どのように画面が切り替わるのかといった，画面遷移や画面レイアウトを定義する．画面遷移の定義にはステートマシン図（6.5.2 項参照）を利用することもできるが，ここでは直感的な図を用いて定義する．後掲の図 5.18 に画面遷移の定義，図 5.19 に画面レイアウトの例をそれぞれ示す．

これらの作業は一部設計と重なる部分はあるが，要求定義として重要なのはここで示されるような対象アプリケーションを使うことによって，ビジネスがどうなるかという点である．実装するためのプログラムの設計ではないので，細かなふるまいをすべて書き出すことや，厳密で正確なレイアウト図や遷移の条件を洗い出すことが目的ではない．細部は決まっていなくても，一体どういう画面で作業をするのか，それがどう切り替わるのか，それによってどのような作業になるのか，といったポイントを捉えることが重要となる．

5.6.3 アクティビティ図

システムのふるまいを記述する図法として，**アクティビティ図**（activity diagram）がある．アクティビティ図は UML に含まれる図法の 1 つである．アクティビティ図は，5.2.2 項で紹介した BPMN と類似した記法を持つが，BPMN がビジネスプロセスの記述に特化したものであるのに対して，アクティ

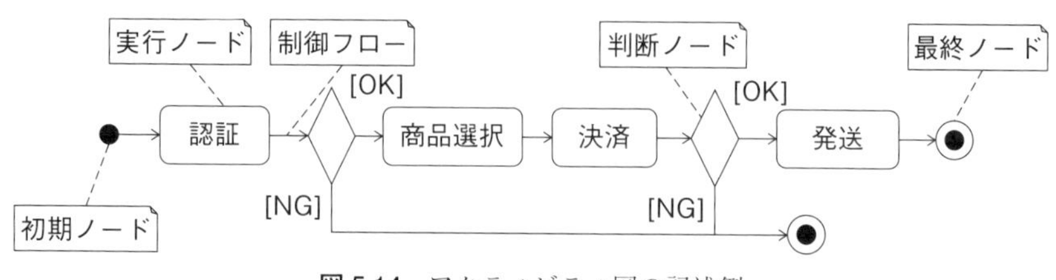

図 5.14　アクティビティ図の記述例

ビティ図は要求定義におけるビジネスプロセス，ユーザとシステムのやりとり，さらには詳細な設計におけるプログラムの処理の流れ，など幅広い記述に使える．その代わりに，BPMN のように特定の目的のための便利なモデル要素は備えていない．図 5.14 はアクティビティ図の記述例である．

以下は基本的なモデル要素とその意味である．

- **実行ノード**（executable node）：処理や活動を示す
- **制御フロー**（control flow）：制御の流れを示す
- **初期ノード**（initial node）：制御の開始を示す
- **最終ノード**（final node）：制御の終了を示す
- **判断ノード**（decision node）：条件に応じた制御の分岐を示す

これらは BPMN の記法とほぼ対応している．なお制御の枝分かれに関しては，複数の分岐先の 1 つに制御が流れる**判断・マージ**（merge）と，複数の分岐先のいずれにも制御が流れる**フォーク**（fork）・**ジョイン**（join）がある．ジョインは入力となる複数の制御フローからの制御がすべてそろったら，1 つの制御フローが出力されるものであり，処理の同期を行う意味がある．例えば在庫の確認と，入金の確認の 2 つともが完了したら出荷を行う，といった表現に使うことができる．図 5.15 にこれらをまとめている．

以上のモデル要素を用いて，制御フローを表現できる．一方，**オブジェクトフロー**（データフローに相当）を表現する際には，**オブジェクトノード**や**ピン**を用いる．図 5.16 はオブジェクトフローの記述例である．

また BPMN のプールのように，**アクティビティパーティション**（activity partition）を用いることで，処理をグループ化することができる．図 5.17 は

判断

[条件 1]　[条件 2]

条件の成立する側に流れる

フォーク

両側に流れる

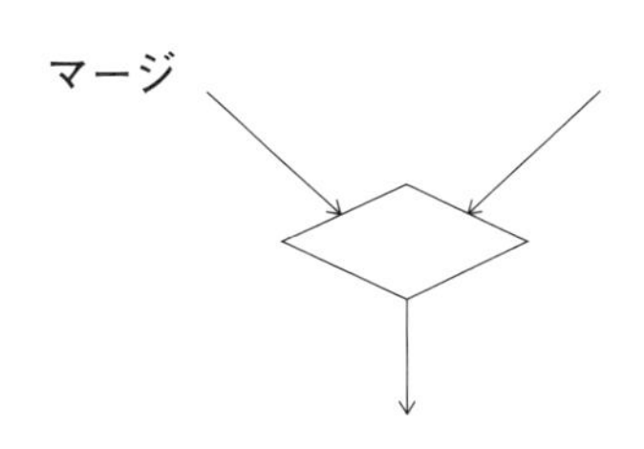

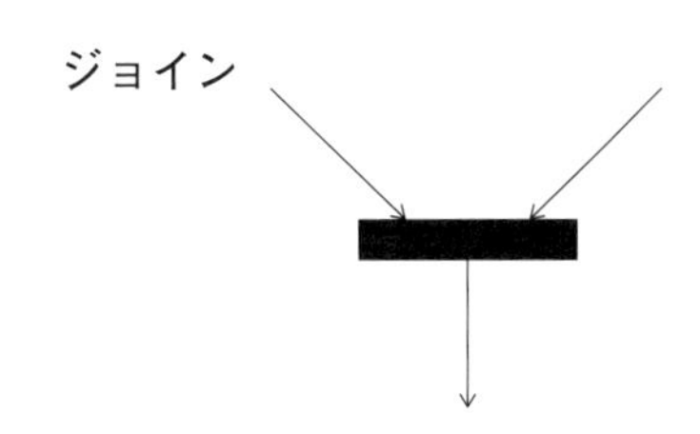

図 5.15　制御の分岐や合流

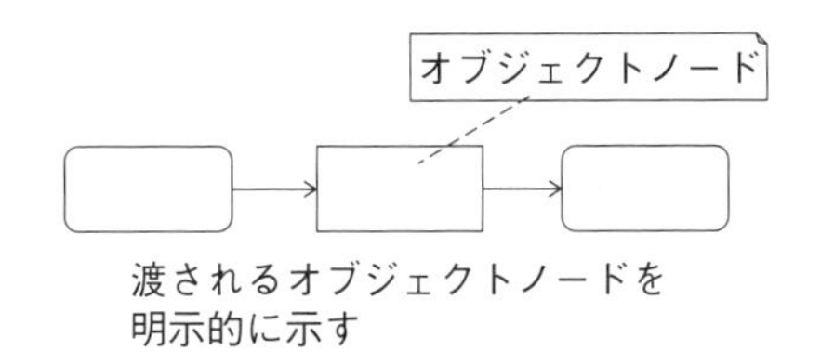

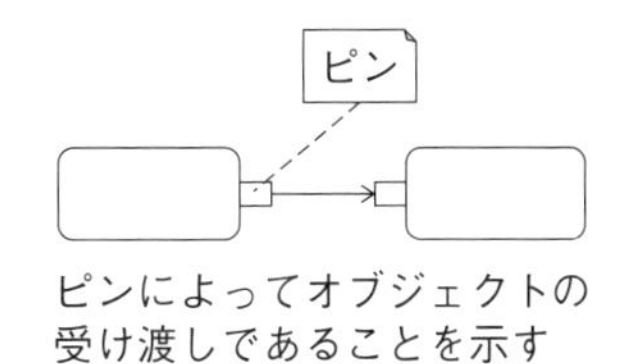

図 5.16　オブジェクトフローの記述例

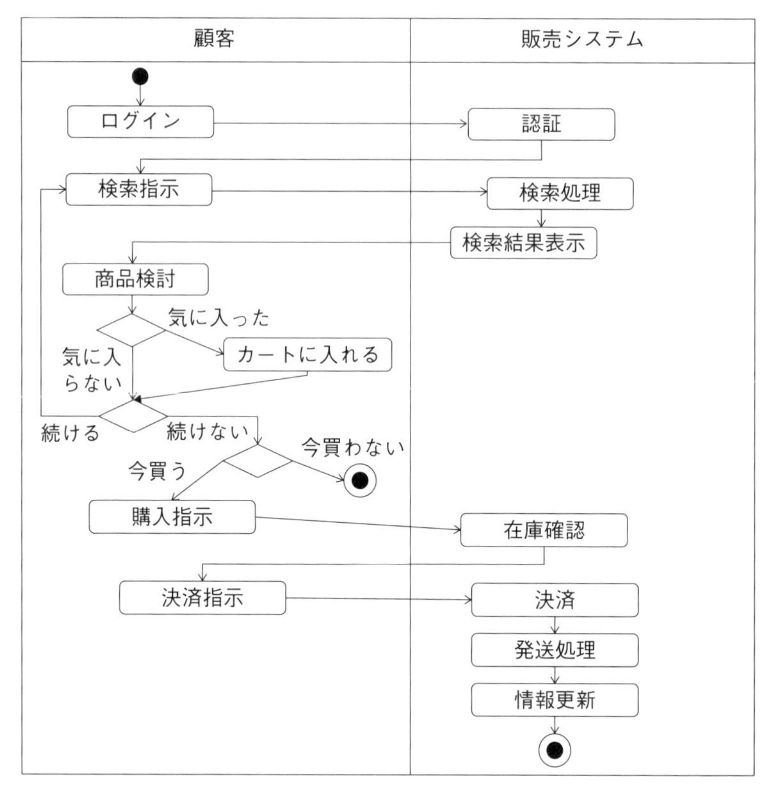

図 5.17　アクティビティパーティションの利用例

「商品検索」のユースケースにおける顧客と対象アプリとのやりとりを，アクティビティ図で記述した例である．

ここではWebアプリケーションと，そのアクタとしての顧客をそれぞれアクティビティパーティションで表し，「商品検索」に必要と考えられる機能や情報をそれらの中に配置している．また構成要素間の制御フロー（この場合はデータのフローもほぼ同様）を示している．なおここではアクティビティパーティションを縦方向に配置しているが，横方向に配置しても構わない．

5.6.4　画面と画面遷移

Webアプリケーションは画面を通じて利用者とやりとりをする．アクティ

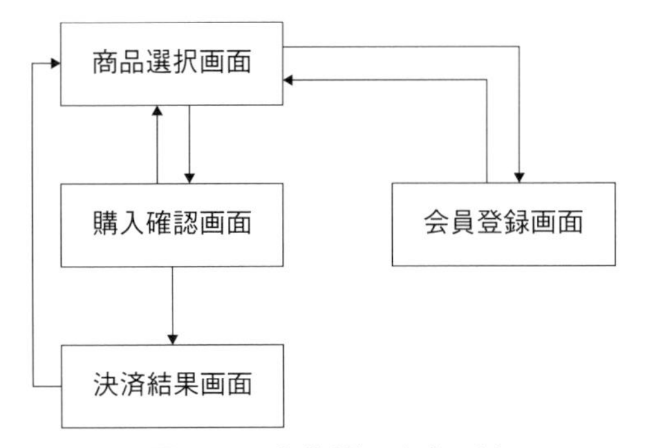

図 5.18　画面遷移の定義の例

ビティ図として定義された利用者と Web アプリとのやりとりの中でどの部分にどういう画面を使うのかを検討する．ユースケース単位に検討をする場合，異なったユースケースでも同じ画面が使われる場合もあるので，そうした関係を確認しながら全体としてどのような画面を用意するかを考える．またどの画面からどの画面に切り替わるのかを画面遷移として記述する．定義には後述するステートマシン図を用いる方法などもあるが，本項では画面を四角で表し，画面間の遷移を矢印で示す方法をとる．図 5.18 は画面遷移の定義の例である．

これは顧客が関わる「会員登録」「商品検索」「商品販売」の 3 つのユースケースに関わる画面を示したものである．「会員登録」には「商品選択画面」と「会員登録画面」が，「商品検索」には「商品選択画面」が，「商品販売」には「商品選択画面」，「購入確認画面」，「決済結果画面」が使われる．

図では最初の画面である「商品選択画面」を最上位に示し，そこから遷移する「購入確認画面」，「会員登録画面」をその下部に示し，「購入確認画面」から遷移する「決済結果画面」をさらにその下部に示している．このように，画面を階層的に示すと，全体の構造が理解しやすくなるし，特定の部分だけ極端に画面の階層が深くなるといった状況があった場合に，それに気付きやすくなる．

全体の構造が決まったら，個々の画面を定義する．まず各画面で提供される主要な機能，そこに表示される主要な情報を考え，それを踏まえてどのような画面レイアウトとなるかを考える．ここでは直感的な図を示すことで画面レイ

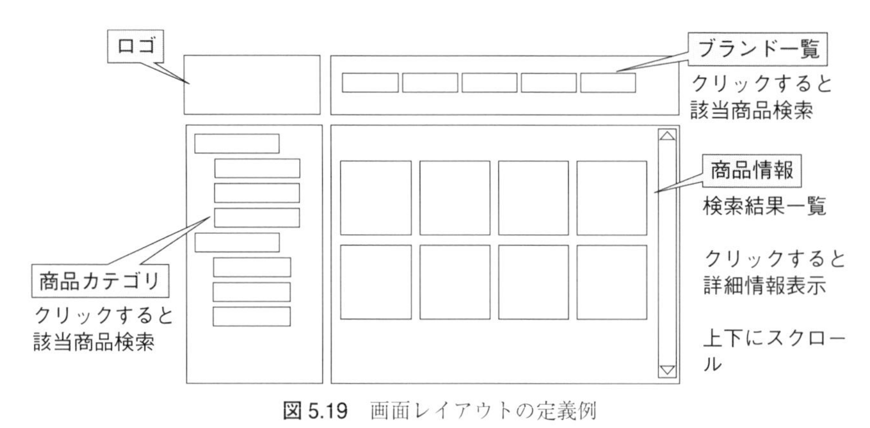

図 5.19　画面レイアウトの定義例

アウトを示している．図 5.19 は画面レイアウトの定義の例である．

ここでは「商品選択画面」の画面レイアウトを示している．詳細な定義はなされていないが，基本的な作業がどのような画面を使いながら行われるのか，各機能の操作がどういうインタフェースでなされるのか，情報がどのように提示されるのかなどがイメージできる程度の記述を行う．

画面レイアウトに対してもどういう顧客を対象とするのかについての配慮が重要となる．同じ機能を提供するのでも，適した操作の方法や情報の表示方法，例えば文字情報を中心とするかビジュアルな情報を中心とするか，メニュー操作にするかアイコン操作にするかなどが異なる．またどう画面遷移するのか，複数画面が連携して一連の作業がどういう形で実現されるのか，といった顧客の作業の流れを意識することも必要である．Web アプリケーションでは画面遷移や画面レイアウトの重要性が高いので，実際の開発においては画面をプロトタイプとして試作して，本来のビジネス目的に合致するかを確認することも多い．

5.6.5　演習 4：アクティビティ図の作成と画面設計

衣料販売 Web システムに対し，演習 3 で記述したユースケース記述に基づいたアクティビティ図を作成し，さらに画面設計を行う．

(1) アクティビティ図の作成

「販売サービス」のユースケース記述を踏まえて，顧客とシステムとがどのようなやりとりをするのかをアクティビティ図で表す．このやりとりは，ユースケース記述に基づき，さらに詳細を具体的にイメージして記述する．

アクティビティ図は，顧客とシステムをアクティビティパーティションで示し，ユースケース記述に基づき，処理のフローをアクティビティ図として表す．基本系列と代替系列などを表現する際には，分岐等を用いて1つのアクティビティ図として表現する．どのように具体化，詳細化するかは，各自で自由に考える．

1つのユースケースを1つのアクティビティ図として書いてもよいし，複数のユースケースを1つのアクティビティ図にまとめて書いてもよい．「販売サービス」に定義している複数のユースケースすべてを対象とするのが難しければ，代表的と考えるものをいくつか抜粋して記述する．

(2) 画面遷移図と画面レイアウトの作成

上記のアクティビティ図を踏まえ，必要な画面を決定し，画面遷移図と画面レイアウトを作成する．

5.7　要求仕様

5.7.1　要求仕様の内容

5.1.3項(3)の要求仕様化で説明したように，要求獲得，要求分析を経て得られた要求を，ビジネス（経営システム，情報システム）に対する要求，情報処理システムに対する要求，ソフトウェアに対する要求に整理して要求仕様として明確に記述する．具体的にどのような内容を記載するかは，分野，業界，会社などによって多様であり，また開発の状況によっても変わる．しかしながらひな型的な記述内容はいくつか提案されている．以下では，それらを踏まえて要求仕様の内容を概観する．

(1) ビジネス・経営システム・情報システムに対する要求仕様

ビジネス，経営システム，情報システム対する要求仕様には，例えば以下のような項目が含まれる．

- ・範囲・背景：要求仕様の位置づけ，背景，目的，範囲
- ・ニーズ・課題：ビジネスの目指す目標，解決すべき経営課題
- ・現状システム：現状（As-Is）の業務やシステム
- ・将来システム：将来（To-Be）の業務やシステムの構想
- ・運用シナリオ：運用に関わる機能要求，非機能要求
- ・前提・制約：システム導入の条件やビジネスの制約

既に説明したように，ビジネスの現状，将来像，目的・課題から，要求分析された個々の要求項目などの内容が記述される．BPMNなどの図式表現の活用も有効である．

一点補足したいのは，位置づけや範囲の記述である．要求定義はシステム開発の出発点であり，その作業の枠組みが必ずしも明瞭でないことも多い．特定の部門内だけでのビジネスの見直しなのか，全社的に進められている見直しの枠組みの中で，自部門に関わる部分を検討するのか，あるいは販売システムだけを見直すのか，顧客管理システムまで含めるのかなど，こういった前提が違うと，検討結果は全く異なったものとなる．したがって，要求仕様の位置付けを明確にすることが大切である．

(2) 情報処理システムに対する要求仕様

情報処理システムに対する要求仕様には,例えば以下のような項目が含まれる．

- ・目的・範囲：システムの目的や，システムの範囲
- ・システム機能：システムの機能に関する機能的要求
- ・システムの性能：システムの性能や制約など非機能的要求
- ・システムインタフェース：ユーザや外部システムとのインタフェース

ここではビジネスに対する要求に資するための，情報処理システム全体に対する要求が記述される．既に説明したユースケースなどの図式表現だけでな

く，必要に応じて設計の章で説明するクラス図，ステートマシン図，アクティビティ図などの活用も有効である．前述したように詳細な要求は解決策へと近づいていき，また要求定義と設計とは，行き来を繰り返しながら検討が深まる特性があるため，詳細化された要求と上位の設計とは明確に区別しづらいことも多い．またどこまでを要求仕様として記載するかは，分野，企業，状況によって異なる．

(3) ソフトウェアに対する要求仕様

ソフトウェアに対する要求仕様には，例えば以下のような項目が含まれる．

- ・目的・範囲：ソフトウェアの目的，ソフトウェアの範囲
- ・位置付け：対象ソフトウェアと他のソフトウェアとの関係
- ・制約：ハードウェア，通信，言語，など考慮すべき各種の制約
- ・インタフェース：外部のソフトウェア，ハードウェア，ユーザなどとのインタフェース
- ・ソフトウェアの機能：ソフトウェアの機能に関する機能的要求
- ・ソフトウェアの性能：ソフトウェアの性能や制約など非機能的要求

ソフトウェアに対する要求仕様は，ビジネスやシステムに対する要求よりも，相対的に技術的な内容が多くなる．独立したソフトウェアを作るのか，他のソフトウェアと連携するのか，既存のソフトウェアの一部を改変するのか，外部のソフトウェアやシステムとどのような関係を持つのか，どういうハードウェアの上で稼働するのか，などが記述される．

5.7.2 要求仕様に求められる特性

要求仕様は，情報システム，情報処理システム，さらにはソフトウェア開発のよりどころとなるものである．要求仕様として，必要十分な品質を満たすものでなければならない．表 5.5 は IEEE Std 830-1998［IEEE, 1998］の示す，要求仕様に求められる特性である．これらの多くの項目は，要求仕様に限らず技術文書一般に通じるものであるが，要求仕様の作成にあたっては，こうした特性の観点から，よりよい品質を心掛けたい．

表 5.5　要求仕様書が満たすべき性質

特性	説明
正当性	要求事項のみが記述されている（要求事項でないことは書かれていない）.
非曖昧性	述べられている要求が一意に解釈できる．何通りも解釈されない.
完全性	記述すべき項目がすべて記述されている.
無矛盾性	要求仕様の中の記述が一貫していて矛盾がない（他の仕様書と矛盾している場合は妥当でないと見なす）.
順序付け	要求に重要度や安定性の順序付けがなされている.
検証可能性	要求が検証可能である（要求が満たされているか確認不能なことは書かない）.
変更可能性	変更しやすく記述されている（例えば，同じことが何箇所にも繰り返し書かれていると変更が面倒）.
追跡可能性	要求の根拠が明確で，開発を通じて参照できる（ビジネス目的とシステム機能との対応関係が分かる）.

5.7.3　要求仕様の確認

定義したものは必ず確認が必要である．特に要求仕様に間違いがあると，その後の設計や実装といった作業に影響を及ぼし，膨大な手戻りコストを生じうる．

ビジネスに関する現状の目的や課題は正しいか，その達成や解決のために整理・構造化した要求は適切か，ビジネスへの要求とシステムへの要求とは整合しているか，システムへの要求とソフトウェアへの要求は整合しているかなど，要求の妥当性について確認する．要求分析による整理や構造化の方法は唯一ではない，利益を上げるためにコストを抑えるのか，売り上げを増やすのか，さまざまな考え方があり，それらを多様なステークホルダの視点から，あるいは実現可能性やリスクなどの観点から検討する．

要求は抽象的で総花的なものであると，その妥当性がはっきりとしない．そこで，システムの狙い，利用シーン，改善したいポイントなどが，具体的かつ明確に絞り込まれているかを検討する．例えば使い勝手をよくすると言われて反対する人はいない．しかし，現在誰がどういう状況でどのように使い勝手が悪いと考えているのか，それをどのように改善しようとするのか，そうした具体的な事項に照らして妥当性を確認することで，検討がよりリアルかつ深いものとなる．

さらに要求仕様そのものの品質の確認も重要である．5.7.2 項で紹介した要求仕様に求められる特性を踏まえ，仕様としての品質を確認することも大切である．

5.7.4　演習 5：仕様書作成

Web システムはあくまでビジネスを支えるために作られるものであるから，まずどのようなビジネスを行いたいかという目的が明確でなければならない．例えばどういう顧客を対象とするのか（年齢層，性別，収入など），どういう商品を販売するのか（カジュアル，ビジネスユース，フォーマルウェアなど），またどういう購買のされ方をするのか（じっくり選ぶ・手早く手軽に選ぶ，1 人で購入・みんなでわいわいしながら購入，など）といった想定が異なれば，Web システムの提供する機能，操作性，あるいは画面デザインなども変わってくる．

本演習では，これから自分が作る Web システムの仕様書を作成する．ここでは，ビジネス上の狙いを明確にするとともに，その目的に整合した，合目的なシステムの仕様を作成することが重要となる．

(1)　ビジネス上の狙い

どういうビジネスを行いたいかをイメージし，以下の観点から記述する．なお，これ以外の項目について記載したければコラムを増やしてもよい．

- 対象顧客層：どのような顧客をメインターゲットと考えるか．年齢層，性別，収入，職業（学生・会社員）や特定の雑誌を読んでいる世代等の観点から考えられる．自分なりの設定を行う．
- 主要販売商品：扱う衣料の種類（カジュアル，ビジネスユース，フォーマルウェア），価格帯，ブランドなど，自分のサイトで主として扱う商品の想定をする．
- 典型的な購買シーン：高価な商品をじっくり買うのか，必要な日用品を手軽に手早く買うのか，1人で選択するのか仲間とわいわいしながら選ぶのか，など，サイトの典型的な利用シーンをイメージする．

・ビジネスの特徴：上記を踏まえながら，どういうビジネスを行いたいのかを想定する．例えばブランド品を扱う高級なイメージにしたいのか，気軽に買い物ができるイメージにしたいのか，ファッション情報の発信基地としたいのか，など．

・キャッチフレーズ：上記を踏まえ，想定するビジネスを表す，会社のキャッチフレーズを自由に考えて記す．

(2) Webサイトの特徴

上記のビジネス上の狙いを踏まえ，どのような特徴を持ったWebサイトとするか，以下の観点から記述する．なお，これ以外の項目について記載したければコラムを増やしてもよい．

・商品選択方法：どのように商品を検索させるのか，どういう商品の情報をどう提示するのか．商品をどう選択させるのか，など商品選択方法の基本的な考え方を示す．例えばカテゴリで分類して提示，価格帯で分類，キーワードで検索など．複数の手段の組み合わせでもよい．

・決済方法：商品を購入する際の決済方法はどうするのか．一括して購入できるのか，ひとつずつ購入するのか，どういう個人情報が必要なのか，など．複数の手段の組み合わせでもよい．

・付加機能：ビジネス目的に合わせて必要と考える付加機能があれば示す．口コミ機能，ポイント機能，推薦機能，など．

・操作性：操作性のポイントを示す．手馴れた人がすばやく操作できることを狙うのか，不慣れな人でも間違いなく操作できることを狙うのか，操作に遊びを入れるのか，など．

・デザイン：見間違わないように文字を大きくするのか，多くの情報を詳細に示すのか，シンプルなサイトにするのか，機能満載にするのか，など．

(3)　画面遷移

これから作成するWebシステムの主要な画面とその間の画面遷移を作成する．演習4で作ったものを(1)(2)を踏まえて見直す．

(4)　画面レイアウト

これから作成するWebシステムの画面レイアウトを作成する．演習4で作ったものを(1)(2)を踏まえて見直す．

5.7.5　レビューの方法

要求仕様の確認方法で最も一般的なのはレビューである．**レビュー**(review)とは関係者に文書などの成果物を提示して意見をもらう活動である．ここでは作成された要求仕様が成果物となる．実際に作成される要求仕様は，ほとんどの場合人間が読む文書であるため，この手法が広く使われている．

厳密には，レビューにはその目的などによっていくつかの種類に分類される．例えば組織の規定の中で，要求仕様が完成したら行うことが定められているといった公式なレビューもあれば，技術者が確認の目的で集まって行う非公式なレビューもある．公式なレビューであるほど，どういう人が集まり，どういう形式でどのように行うか，といった方法が明確に決められる．逆に，開発者が仲間と小規模に行うピアレビューなどもある．

こうしたレビューの種類によって方法は異なるが，以下に典型的なレビューの方法に関して簡単に説明する．

(1)　目的

一般に，レビューの目的は欠陥の検出である．要求仕様のレビューでいえば，妥当でない要求の発見や，品質的に問題のある仕様記述の発見である．大切なことは，発見した欠陥の解決策の議論に立ち入らないことである．こういう要求の方がより妥当だとか，この記述はこう書き直すべきだという議論を始めると，それだけでレビューに費やす時間がなくなってしまう．解決策の検討はレビューのあとに行うべきであり，レビューの間は欠陥発見に専念すべきである．

(2) 役割

レビューの参加者には以下のような役割がある．各参加者がどの役割で参加するのか，明確にする必要がある．

・リーダー：レビュー責任者．進行役を務める人．レビューの進行に気を付け目的からそれないように舵取りを行う．またレビューの終了を宣言する．
・被レビュー者：レビュー対象となる要求仕様を作成した人．
・書記：レビューの記録を取る人．指摘事項を記録する．原則的に書記は議論に参加せずに記録に専念する．
・レビュー者：レビューに参加する他の人．

(3) 手順

1回のレビューは通常2時間以内程度とし，以下のように進める．

・導入：リーダーが，レビューの目的，参加者の役割を確認する．
・レビュー：リーダーの進行に従い，被レビュー者が要求仕様を少しずつ説明し，レビュー者が不明点を質問したり，気付いた問題点を指摘したりする．
・判定：指摘事項を確認し，要求仕様を承認するのか，再度レビューを行うのかなどの決定を行う．

レビューで重要なのは，どういう人がレビューに参加するかである．特に，要求仕様はさまざまなステークホルダの視点からの検討が必要であるため，重要なステークホルダ，あるいはそれらステークホルダの視点を理解している人の参加は重要である．適切な参加者を得ることがレビューの成否に大きく関わることを認識すべきである．

5.7.6 演習6：レビューと仕様書更新

本演習では，演習5で作成した仕様書について，グループに分かれてレビューを行うとともに，レビューでの指摘事項を踏まえて，仕様書を更新する．

(1)　レビューの実施

各グループで，そのグループメンバーの仕様書をレビューする．その際に，5.7.5 項 (2) に記述した各役割を決める．

演習では全員の仕様書をレビューする．すべての人が，リーダー，被レビュー者，書記の役割を必ず一度行うようにする．

レビューは漠然とやっても見逃しが多く，問題点を見過ごしてしまう．表 5.6 のチェックリストに照らして，質の高いレビューを心掛ける．

(2)　対応方針の決定

自分が被レビュー者となった際のレビューで受けた指摘事項を踏まえ，仕様をどのように更新するか，対応方針を決める．

表 5.6　演習レビューのチェックリスト

対象	確認項目
ビジネス上の狙い	【正しく書かれているか】 ・記述すべき事項がすべて記述されているか．記述すべきでないことは記述されていないか（正当性，完全性） ・文章が疑義なく理解できるか（非曖昧性，無矛盾性） 【狙いの適切性】 ・対象顧客や扱う商品が明確になっているか ・利用シーンの想定は具体的で明確か ・総花的でなく絞り込まれているか
Web サイトの特徴	【正しく書かれているか】 （ビジネス上の狙いの記述と同様） 【特徴の明確性】 ・ビジネス上の狙いと整合しているか ・差別化できそうか．オリジナリティがあるか ・実現可能か
画面遷移・画面イメージ	【正しく書かれているか】 ・重要な画面イメージが示されているか 【画面イメージの適切性】 ・Web サイトの特徴が反映されているか（表示する情報，レイアウト，デザイン）

(3) 仕様書の更新

上記の対応方針に従い，前回作成した仕様書を更新する．この際，更新箇所が分かるように工夫する（文章については変更部分のフォントの色を変える，図については変更箇所にコメントをつけるなど）．

6. 設計

6.1 設計とアーキテクチャ

6.1.1 Web アプリケーションの構造

設計についての説明をする前に，情報処理システム，特に本書が取り上げているWeb アプリケーションがどのような構造になっているかを見てみたい．なお実際のWeb アプリケーションは，**アプリケーション・フレームワーク**と呼ばれる開発基盤を利用して作られることが通常であり，それを用いることで多様かつ高機能なWeb アプリケーションを実現すことができる．しかし本書ではそうしたアプリケーション・フレームワークを使わない基本的な構造のみを説明する．

(1) Web アプリケーションとは

Web（WWW: World Wide Web）とは，インターネット上に構築された文書ネットワークである．Web における文書ネットワークは，文書の間に**ハイパーリンク**（hyperlink），あるいは単に**リンク**（link）と呼ばれる参照関係を定義することによって構築される．Web アプリケーションとは，この Web を利用したアプリケーションである．文書が置かれるサイトを**ホスト**（host）と呼ぶ．図 6.1 は Web のイメージである．

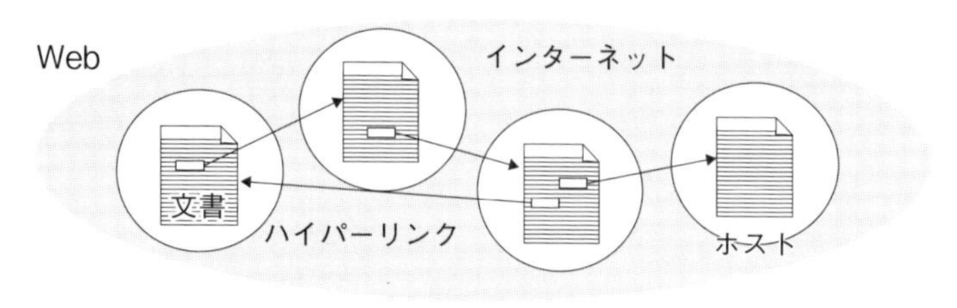

図 6.1　Webのイメージ

例えばWebアプリケーションにおいて，トップ画面があり，そこからログインという項目をクリックするとログイン画面が示されるとする．これはトップ画面に対応する文書と，ログイン画面に対応する文書があり，前者のログインという項目から，ログイン画面に対応する文書の間にハイパーリンクが定義されることで実現される．

(2)　3層アーキテクチャ

Webアプリケーションは，**クライアント・サーバ**（client-server）と呼ばれる方式で作られる．これは分散処理の1つの方式で，ネットワークで接続された複数のクライアントからの要求を，サーバで処理するという形態をとる．Webアプリケーションの場合，ネットワークはインターネット，クライアントは利用者の端末上で動作するWebブラウザ，サーバはネットショッピングなどのサービスを提供する企業が持つサーバに対応する．サーバには商品閲覧や商品購入などに必要な機能を提供するアプリケーション，商品情報や顧客情報などを格納するデータベースなどが用意され，利用者は自身のブラウザからインターネットを介してサーバの機能や情報を利用する．

Webアプリケーションの構造を議論する際には，これらの役割を持つ部分をそれぞれ層と呼ぶことが多い．上記の場合，各役割を持つ部分を，以下の層に対応付けて捉える．

- **プレゼンテーション層**（presentation layer）：クライアントのブラウザに相当する部分で，ユーザインタフェースの役割を持つ．
- **アプリケーション層**（application layer）：サーバのアプリケーションが動

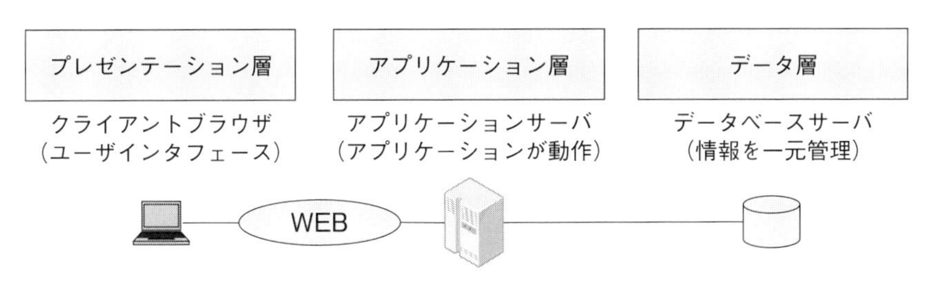

図 6.2 クライアント・サーバ（3 層アーキテクチャ）

作するサーバ（アプリケーション・サーバ）に相当する部分で，Web アプリケーションの各種機能を提供する役割を持つ．

・**データ層**（data layer）：データベースが動作するサーバ（データベース・サーバ）に相当する部分で，情報を一元管理する役割を持つ．

情報システムでは，こうした 3 つの層から構成される構造をとるものが多いが，これを **3 層**（three-tier, three-layer）アーキテクチャと呼ぶ．図 6.2 は 3 層アーキテクチャの図である．一般にソフトウェアの基本的な構造やその類型を**ソフトウェアアーキテクチャ**（software architecture）という．クライアント・サーバやさらにそれを 3 層構造で実現する 3 層アーキテクチャなどはいずれもソフトウェアアーキテクチャの 1 つである．一定規模のソフトウェアを理解する際には，こうしたソフトウェアアーキテクチャの視点から，基本的な構造を捉えることが有用となる．本章ではこの 3 層アーキテクチャを踏まえて設計を進める．

(3) サーバとのやりとり

クライアントとサーバとのやりとりの基本は，クライアントが何らかの**要求**（request）を行い，サーバがそれに対して文書を**応答**（response）として返すというものである．

クライアントから要求する際には文書を指定するために **URL**（Uniform Resource Location）を用いる．URL はインターネット上で Web ページの保存場

http://www.daigaku.ac.jp/top/index-j.html

スキーム　ホスト名　　　　パス名
(取得方法)(コンピュータ名) (コンピュータ上の位置)

図 6.3　URL の構成

所などの資源の所在を示すもので，取得方法を示すスキーム，コンピュータを示すホスト名,コンピュータ上での位置を示すパス名から構成される(図 6.3).

一方サーバからの応答となる文書は **HTML**（Hypertext Markup Language）を用いて記述される．HTML はハイパーテキストを記述するための言語で，文章中に**タグ**と呼ばれる目印（例えば HTML では“<a>”や“</a>”などといった文字列）によって文書の論理構造（どの部分が見出しでどの部分が本文かといった意味的な構造）や，他文章へのリンクを指定することができる．タグによって構造を表現する言語を，一般に**マークアップ言語**（markup language）と呼ぶ．一方，色・サイズ・レイアウトなど，Web ページのスタイルを指定する言語として **CSS**（Cascading Style Sheets）があり，表示や見栄えの指定は CSS が用いられる．Web ブラウザは，HTML と CSS で記述された文書を画面に表示することができる．

(4)　動的コンテンツと静的コンテンツ

サーバが応答を返す際に，あらかじめ用意されたコンテンツ（文書）をそのまま返す場合，そのコンテンツを**静的コンテンツ**と呼ぶ．静的コンテンツは常に同じものが返されるので，いつでもブラウザには同じ画面が表示される．しかしながら，実際の Web ページの画面は，例えば日付が表示されたり，カウンタで何番目のアクセスかが表示されたりするなど，リクエストやサーバの状況に応じて表示が異なることが多い．このような画面は，リクエストを受けてからコンテンツが作成され，それを返すことによって実現されており，そうしたコンテンツを**動的コンテンツ**と呼ぶ．ネットショッピングのサイトを考えると，ログインするとユーザ名やポイントが表示されたり，キーワード検索するとその結果が表示されたりするなど，動的コンテンツが不可欠であることが分かる．図 6.4 に静的コンテンツと動的コンテンツのイメージを示す．

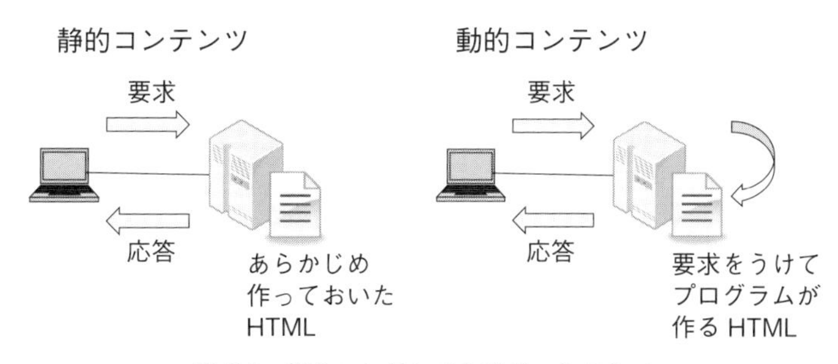

図 6.4　静的コンテンツと動的コンテンツ

動的コンテンツを作る方法としては，**CGI**（Common Gateway Interface）という仕掛けを利用してCやPerlで記述されたプログラムを起動する方法や，サーバのプログラムのWebコンテナ中で処理を起動する**サーブレット**（Servlet）と呼ばれる方法があるが，サーブレットの方がプログラムの起動がより高速という利点がある．サーブレットは，Java言語で記述しそこからプリント文などでHTML文書を出力するが，複雑なHTML文書を出力するのは面倒なため，HTMLの記述の中で動的に生成する部分のみプログラムを埋め込む**JSP**（JavaServer Pages）などを用いる方法が一般的である．

(5)　セッション

WWW上で動作するWebアプリケーションは**HTTP**（Hypertext Transfer Protocol）という**プロトコル**（protocol，ネットワーク上で情報をやりとりする手順）を用いているが，HTTPは要求に対して応答を返すというやりとりを実現するためのプロトコルであり，過去にどのようなやりとりがあったかなどの状態を保持しない．このため**ステートレスプロトコル**（stateless protocol）と呼ばれる．しかしながら，Webアプリケーションにおいては，例えばログインできたから会員ページを表示する，商品をカートに入れたから決済画面を表示する，というように，過去のやりとり，つまり状態を管理できないと困ることが多い．

クッキー（cookie）という，クライアントとサーバの間で情報を交換する仕掛けを用いると，例えばユーザ名など過去のやりとりで得られた情報を必要に

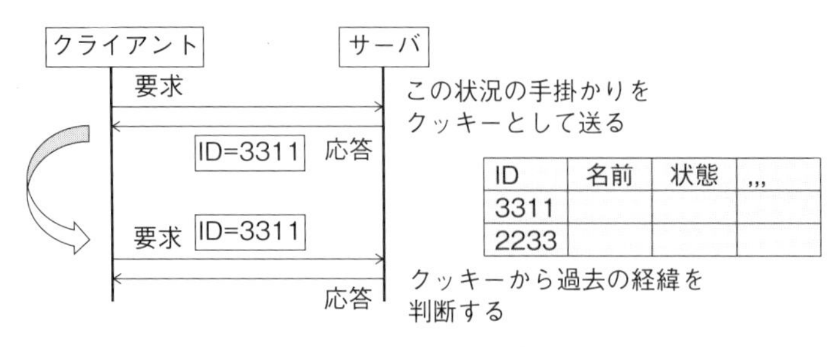

図 6.5　セッションの管理

応じてやりとりすることで，どのような経緯で現在のやりとりが行われているのかを分かるようにすることができる．しかしこの際，クッキー中にさまざまな情報を含めてやりとりをすると，その内容を読み取られるセキュリティ上の危険があるため，具体的な情報はサーバ側で管理し，クライアントを識別する**セッション**（session）番号をつけ，その番号だけをクッキーでやりとりする方法がとられる．この方法で，HTTP 上でも過去の経緯を踏まえたやりとりが可能となる．図 6.5 にセッションの管理のイメージを示す．

6.1.2　設計とは

設計（design）は，要求仕様に基づき，それをどのように実現するか，その実現方式を決定する作業である．

実現方式とは，システムの構成要素とその間の関係によって定義される．ここで構成要素とは，機能を提供したり，情報を管理したりするものであり，**コンポーネント**（component）や**モジュール**（module）などと呼ばれることが多い．前述したソフトウェアアーキテクチャも抽象度の高い粗粒度なレベルの実現構造を表しており，例えば 3 層アーキテクチャにおいては 3 層の各層が構成要素となる．より具体的で詳細なレベルでは，プログラムのクラスや関数などが構成要素となる．一方，構成要素間の関係としては，構成要素間の情報の受け渡し（データフロー）や，機能の呼び出し（制御フロー）などがある．実際には，これら以外にも多様な構成要素や関係の捉え方があるが，本章ではこれらに基づいて説明をする．

例えば，ネットショッピングのための Web アプリケーションの実現方式を，3層アーキテクチャを踏まえて，より詳細に設計することを考える．このためには，ネットショッピングの観点から，各層にはどのような機能や情報管理を行う構成要素が必要かを決定する必要がある．これらの情報は，要求仕様に基づいて行われる．例えば，5.4.3項に示した「商品検索」のユースケース記述に基づいて，各層にどのような構成要素が必要になるかを検討したものが図6.6である．

プレゼンテーション層では，検索条件などの入力を受け取る「入力処理」と商品一覧などを表示する「情報表示」，アプリケーション層では，受け取った検索条件からデータを検索する「情報検索」と顧客情報に基づき推薦を行う「推薦」，またデータ層では，情報を管理する「商品情報管理」，「在庫情報管理」，「顧客情報管理」がそれぞれ示されている．

一方，これらの間の関係は，上述したように情報の受け渡しや機能の呼び出しであるから，これらの構成要素の間にそれを定義する．図6.7に構成要素間の関係のイメージを示す．

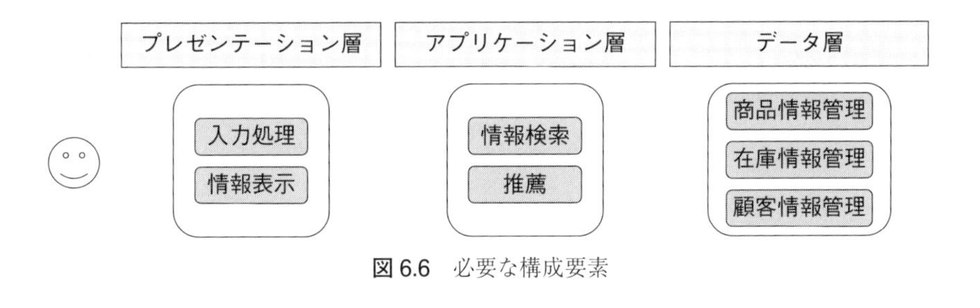

図6.6　必要な構成要素

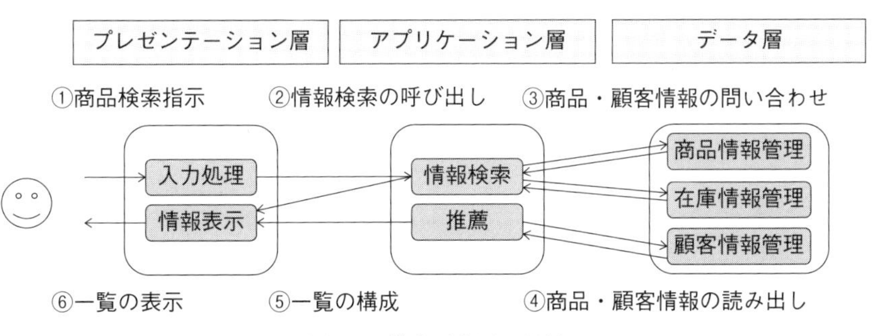

図6.7　構成要素間の関係

ユースケースでは，アクタである顧客が検索指示することがトリガとなってユースケースが動作し，その結果顧客に一覧が提示される，という記述になっている．ユースケースはシステムとシステム外部との関係性にのみが記述されるが，設計ではそれに加えてシステム内部でどのようなやりとりが行われるかが，構成要素間の関係として示される．

このように設計においては，まずよく知られたソフトウェアアーキテクチャなどを参考に基本的な構造や設計の方針を決め，それを踏まえながら必要なレベルまで詳細化を進めることになる．この作業は単純にトップダウンには行われず，ある程度詳細な検討を進めた上で基本構造や方針を再検討するといったこともある．

なお，要求される外部とのやりとりを実現するための方式は，上記以外にもいろいろと考えられる．例えば商品情報を自分で管理せず，その商品を生産している会社のシステムが持つ情報を参照するという方法もあるかもしれない．この方法を採用した方がより最新の情報が得られるという利点があるかもしれないが，一方応答速度などは遅くなるかもしれない．このように，一般的に要求を実現するための設計は複数ありうる．複数の設計が考えられる場合には，非機能特性も含めて，どちらが目的に合致しているかを比較検討して選択する必要がある．

6.1.3　本書での設計の進め方

本書での Web アプリケーションの設計の進め方について，その全体像を概観する．なお，設計の方法はさまざまであり，ここではそのうちの 1 つの方法について説明する．図 6.8 は本書における Web アプリケーション設計作業の進め方の全体像である．

以下に各作業について簡単に説明する．

- 基本的な実現方法の決定：要求定義で定義されたユースケースに基づき，情報処理システムを Web アプリケーションとしてどう実現するか，その基本的な実現方法を 3 層アーキテクチャを踏まえて決定し，シーケンス図を用いてモデル化する（6.2.2 参照）．
- データベース設計：ふるまいの設計に先立って，重要なデータを格納する

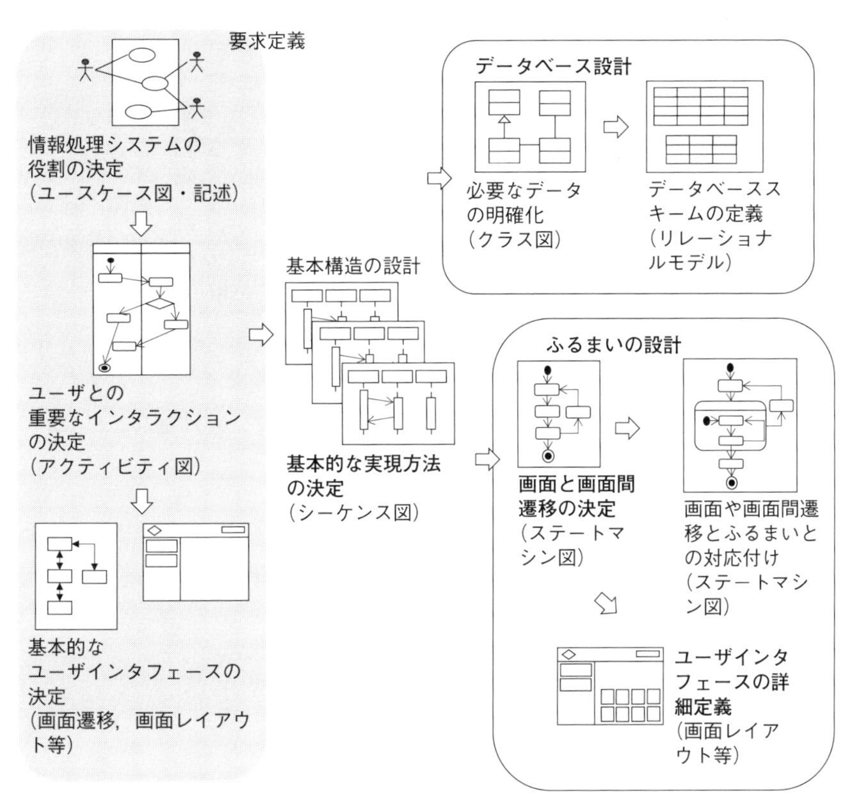

図 6.8 本書での設計の進め方

データベースの設計を行う．大きく 2 つの作業からなる．

▷必要なデータの明確化：基本的な実現方法を踏まえ，そこで必要となるデータやそれらの間の関係を決定し，クラス図を用いてモデル化する．この作業を概念設計と呼ぶ（6.3.3 項参照）．

▷概念設計で明らかになったデータを，データベースという仕掛けの中に，どのような構造で格納するかを決定する．この際にデータの冗長性を減らす正規化を行う．この作業はリレーショナルモデルを用いて行う．この作業を論理設計と呼ぶ（6.3.6 項参照）．

・ふるまいの設計：どのような機能をどのようなタイミングで提供するのか，というふるまいの設計を行う．Web アプリケーションはユーザがクライアントとなるブラウザを通してやりとりするため，そこに表示する画面や画面間の遷移と対応付けてふるまいを設計する（6.5.1 項参照）.

・画面と画面間遷移の決定：詳細化されたふるまいに基づき，どのような画面が必要か，画面の間にはどのような遷移が必要かを要求仕様とシーケンス図で示される基本的なふるまいを踏まえて決定し，さらに画面に対する操作が行われたときにどのようなふるまいが行われるかを，画面と画面間の遷移と対応付けて決定する．ステートマシン図を用いてモデル化する（6.5.2 項参照）.

・ユーザインタフェースの詳細定義：画面をどのようなユーザインタフェースとして実現するか，画面のレイアウト，デザイン，操作性などを決定する（6.5.3 項参照）.

上記は大きな作業の流れを示しているが，実際の作業は一直線に進められるわけではなく，必要に応じて行きつ戻りつしたり，繰り返しをしながら進められる.

6.2　基本構造の決定

6.2.1　基本的な実現方法の決定

要求定義によって定義された要求仕様に基づき，設計を進める．ここでは3層アーキテクチャを踏まえ，要求される機能やふるまいを実現するためには，これら3層にどのような構成要素が必要となるかを決定する．6.1.2 項では，直感的な図を用いて構成要素や構成要素間の関係を記述したが，ここでは要求定義で定義したユースケースやアクティビティ図に基づき，シーケンス図を用いて基本的な構造のモデル化を行う.

ユースケースは重要な機能ごとに複数あるので，個々のユースケースを実現するためには，どのような機能や情報が必要となるかを考える．3層アーキテクチャの各層は，基本的にユーザインタフェース，機能提供，データ管理という役割を持っているので，それを踏まえてそれらの機能や情報に対応する，機能提供や情報管理の構成要素を適切な層に配置する．またそれらの間のデータフローあるいは制御フローをメッセージのやりとりとして定義する.

定義にはシーケンス図を用いる．シーケンス図については6.2.2項で説明するが，3層アーキテクチャを踏まえて記述したシーケンス図の例は図6.9に示している．

それぞれのユースケースに対応したシーケンス図が記述されたら，それらを比較する．異なったユースケースでも同じような機能や情報が出現しうる．例えば「商品検索」と「商品販売」という2つのユースケースいずれにも，商品に関する情報や，顧客に関する情報が必要となる．このように，異なったシーケンス図上に出現する同一あるいは類似の機能や情報を確認し，それらの名称，3層への配置，他の構成要素とのやりとりの方法などが整合するようにする．

なお基本的な実現方法を決めることが目的なので，この段階で実際のWebアプリケーションのユーザインタフェース操作に相当するような詳細な機能や情報の洗い出しを行う必要はない．また，ユースケース間における整合性についても極端に気にする必要はない．これより後の作業で，徐々に詳細化や整合化を行っていくため，この段階ではユースケースと同程度あるいはややブレークダウンした程度の詳細度で構わない．

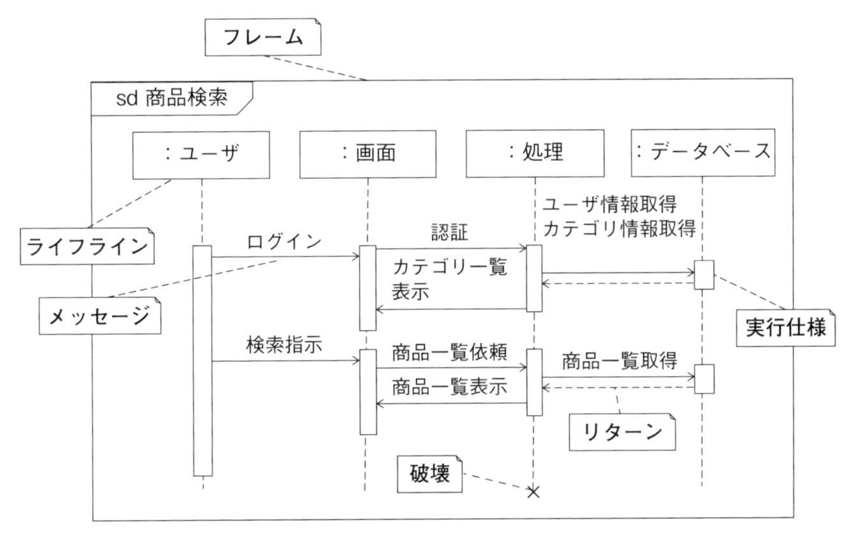

図6.9　シーケンス図の記述例

6.2.2 シーケンス図

システムはシステム内部の構成要素，あるいはシステム外部の利用者やシステムなど，複数の構成要素が協調して動作しているので，それら構成要素間のやりとりをどのようにするかを決定することは，ふるまいの設計において重要である．

UML の**シーケンス図**（sequence diagram）は，そうした**やりとり**（interaction）を記述するためのモデルである．やりとりは相互作用ともいわれるが，シーケンス図においてはそれをメッセージの交換として捉える．メッセージは構成要素から送信され，構成要素によって受信されるものであり，その送信や受信といった**イベント**（event, 出来事）の並びを**トレース**（trace）と呼ぶ．シーケンス図はトレースを記述することで，インタラクションを表現する．

図 6.9 はシーケンス図の記述例である．以下は基本的なモデル要素とその意味である．

- **ライフライン**（lifeline）：インタラクションに参加するインスタンス（の集合）に関わる時間経過を示す．破線の上から下に時間が進むと見なす．上部の四角中にはコロン（：）に続けてインスタンス（の集合）の名称を書く．ライフラインは，破線の上から下への時間経過を表しており，そのライフラインを起点もしくは終点とするメッセージの送信や受信の時間の前後関係を示している．なお図の縦方向の間隔は実際の時間経過とは無関係であり，幅が広いから多くの時間が経過しているという意味にはならない．

  メッセージのやりとりには，同期的なものと非同期的なものがある．**同期的**（synchronous）とは，送信側と受信側がそれぞれ送信可能，受信可能な状況にあるときにのみ成立するやりとりであり，例えば電話の通話などが相当する．一方**非同期的**（asynchronous）とは，送信側は受信側の状態にかかわらず自身が送信可能であれば送信でき，受信側はそれ以降自身が受信可能であればいつでも受信できるやりとりであり，例えば電子メールなどが相当する．
- **メッセージ**（message）：やりとりされるメッセージ．矢印の元が送信を，先が受信を表す．送信と受信に時間差がない場合，あるいはそれを考慮しなくてよい場合は水平な矢印として記述する．一方，送信から受信までの時間差を示したい場合には，受信側が下にずれた斜めの矢印として記述する．

- **リターン**（return）：同期メッセージの場合，そのリターンを表す．リターンによって同期メッセージからの返り値などを示すことができる．
- **実行仕様**（execution specification）：対応するインスタンスがアクティブな期間を表す．実行仕様は例えば動作のトリガとなるメッセージを受け取ってから，それに関わる処理を終えるまでといった，一連の動作が行われる区間を示す．実行仕様は書かなくても構わない．
- **破壊**（destruction）：ライフラインに対応するインスタンスが破壊されなくなるという出来事を示す．破壊が起こるとそのライフラインに相当するインスタンスが消滅するため，それ以降はそのライフラインとのメッセージのやりとりは起こらない．
- **フレーム**（frame）：四角で囲まれた範囲がひとまとまりの図であることを示す．左上の五角形部分にそのフレームが何であるかを示す．“sd”はこの図がシーケンス図であることを示すキーワードである．なおフレームは，シーケンス図に限らず，UML のさまざまな図につけることができる．

一般にやりとりに関わるトレースは複数ありうる．例えばログイン 1 つをとっても，一度で認証されるやりとりも考えられるし，パスワードを入れ間違えてやり直すやりとりも考えられる．あるいは商品購入をする際には，商品を 1 つ選んで決済する場合も，複数選んで決済する場合もある．こうした複数の状況を表現するために結合フラグメントを利用することができる．図 6.10 は結合フラグメントを利用したインタラクション図の記述例である．以下は基本的なモデル要素とその意味である．

- **結合フラグメント**（combined fragment）：1 つ以上の領域を持ち，左上に演算子が記述される．
- **領域**（**オペランド**，operand）：結合フラグメント中の領域．破線で仕切られている場合は複数存在する．演算子の演算対象となる．演算子に応じ

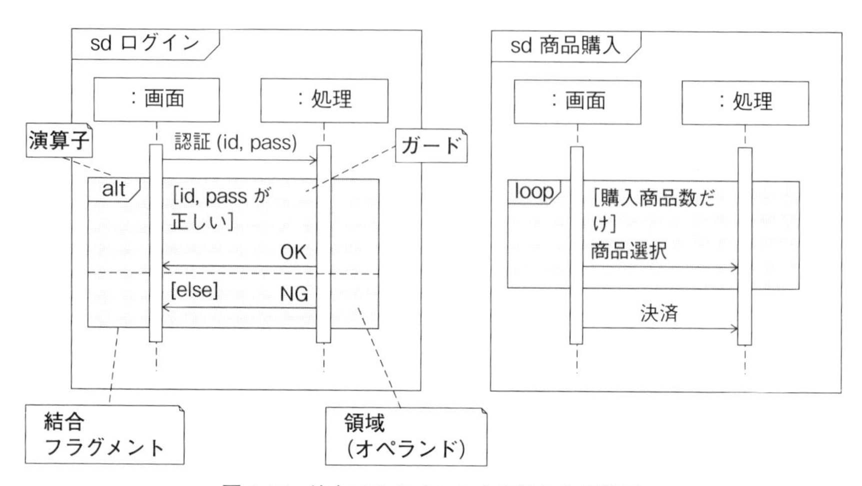

図 6.10　結合フラグメントを利用した記述例

て必要なオペランドの数が異なる.

・**演算子**（operator）：演算子の種類に応じて，その結合フラグメント中の領域のトレースが何を表すかを決める.

・**ガード**（guard）：インタラクションのその時点で真偽が判定される表現.

表 6.1 は代表的な演算子とオペランドの一覧である．alt および opt はふるまいの選択を，loop は繰り返しを，par は並行に行われるふるまいのインタリーブを示す．**インタリーブ**（interleave）とは，それぞれの領域中で示される順序関係は保たれるが，領域間の順序関係に関しては制約なく，全体の順序関係が決まることをいう．図 6.11 に par の例を示す.

図の左のシーケンス図では，各領域は商品と請求書のそれぞれが，ショップから送られたあとに顧客に届くという順序関係を示しているが，領域間の前後関係の制約がないので，実際には右に示す 6 つのパターンのトレースがあることを意味している.

シーケンス図は，ふるまいの具体例を示すことが本来の目的である．シーケンス図によって示されるインタラクションは読みやすく，理解しやすい．結合フラグメントを上手に利用して一部だけ異なるバリエーションや，繰り返しが

表 6.1　結合フラグメントに付けられる演算子の例

演算子	オペランド	意味
alt	2つ以上	ふるまいの選択を示す．複数の領域（オペランド）中でガードが真となる領域が高々1つ選ばれる．
opt	1つ	オペランドで示されるふるまいが起こるか，何も起こらないかの選択を示す．
loop	1つ	ふるまいの繰り返しを示す．ガードによってふるまいの回数の制約を示すことができる．
par	2つ以上	複数の領域（オペランド）中のふるまいが，並行にインタリーブして起こることを示す．

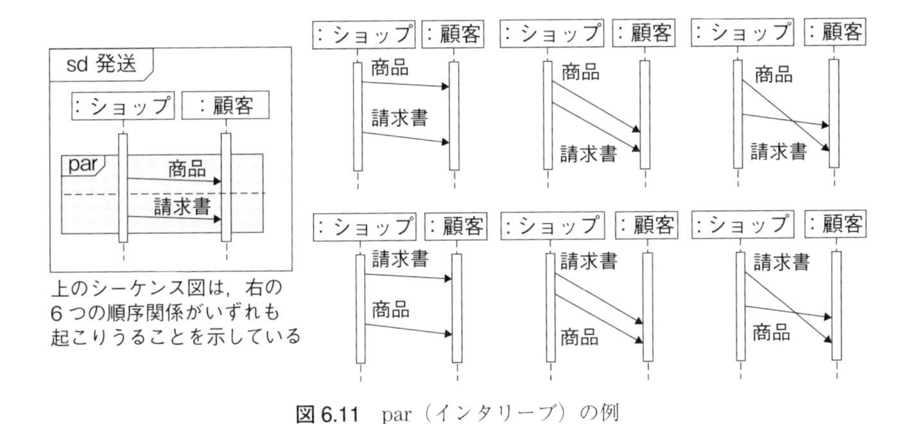

図 6.11　par（インタリーブ）の例

あることを示すことでより適切に理解することもできる．

しかし結合フラグメントを利用しても，一般にすべてのトレースを表現することは現実的でないことが多い．仮に記述することができたとしても，インタリーブの例で示すように，その意味することを正しく理解するためには慣れが必要である．シーケンス図はあくまで，理解しやすい具体例を示すことが目的であり，結合フラグメントを駆使してさまざまなトレースを1つの図に詰め込むことは趣旨ではない．一般的なふるまいを示すためには，後述するステートマシン図などを使うことができる．シーケンス図はそうした一般的なふるまいの理解を補足したり，重要なトレースを明示化したりするという，具体例の記述としてのメリットを活かした利用をするべきである.

6.2.3　演習 7：シーケンス図の作成

設計作業を行うにあたり，まず基本的なソフトウェアの構造，すなわちソフトウェアのアーキテクチャを検討し，その枠組みの中で詳細な設計を行う．ここでは，Web アプリケーションを 3 層アーキテクチャに基づいて設計することを前提として，各層にどのような機能や情報を配置することにより，要求される機能が実現できるかを検討する．具体的には，要求定義で作成した「販売サービス」のユースケース（演習 3），それらに基づいて構築したアクティビティ図（演習 4）を参考に以下を決定し，シーケンス図でモデル化する.

・3 層アーキテクチャの各層にどのような機能や情報に対応する構成要素が必要か.
・重要なふるまい（ユースケース）ごとに，そのふるまいが上記の構築要素のどのような協調によって実現されるか.

なお異なったユースケースに対応するシーケンス図には，同一の構成要素が出現することがある．作成にあたってはそうした整合性に留意する必要がある.

6.3　データベース設計

6.3.1　データ中心アプローチ

顧客の情報，ビジネスの情報，市場の情報など，情報システムの扱う情報やその素材としてのデータは貴重なビジネス資産である．それらはビジネスの継続や進展の中で蓄積され，現在，さらに将来のビジネスへと活用され続ける．これらの情報やデータの多くは，一旦失われると二度と得ることができないものであり，それらを失うことは，ビジネスの継続を脅かすことともいえる．したがって情報システムの開発においては，どのような情報・データが必要となるのか，それらをどのように永続的に管理していくのか，という検討が重要となる．そのためこうした分野では，どのような処理を行うかという機能の分析や設計に先立って，まず情報やデータの分析や設計を優先して行うことが多い．そうした開発アプローチを，**データ中心アプローチ**（DOA: Data Oriented Approach）と呼ぶ．ここで永続的なデータの維持の要となるのが，データベースである．

6.3.2 データベースとは

データベース（database）とは，データの管理機能をOSから独立させたものである．従来データはアプリケーションごとに管理されていた（専用データ）．この場合，そのアプリケーションが必要とするデータだけを，そのアプリケーションが扱いやすい形で管理することができる．しかし，類似したアプリケーションが複数ある場合には，それらのデータの間に重複や不整合が生じる恐れがある．

例えば，店舗の販売管理システムと顧客管理システムでは，いずれにも顧客の名前や連絡先などのデータが格納される．もし情報の追加，削除，変更などがあった場合にはいずれのデータも更新しなければならないが，例えばシステムによって更新作業のタイミングが異なると，データの突き合わせなどに際して不都合が生じる．特に大量のデータ管理においては，このような重複や不整合を極力少なくするよう注意が必要である．

この点，データベースは複数のアプリケーションが利用するデータを一元管理するものであり，こうした冗長性や不整合を減少させることができ，より望ましいデータ管理を可能とする．図6.12に専用データとデータベースの違いについて示す．

現在使われているデータベースのほとんどはリレーショナルデータベースと呼ばれている（詳細は6.3.6項で説明）．一般にリレーショナルデータベースは以下の特性を持つべきといわれている．なおこれらの頭文字をつなげてACIDと呼ばれる．

- 原子性（atomicity）：データの処理（登録や削除）が不完全な状態で中断することはない．もしも完全に終了することができなければ，処理を開始する前の状態に戻る．
- 一貫性（consistency）：データの間に矛盾がない．
- 独立性（isolation）：意味的に独立した処理は，どういう順序で実行され

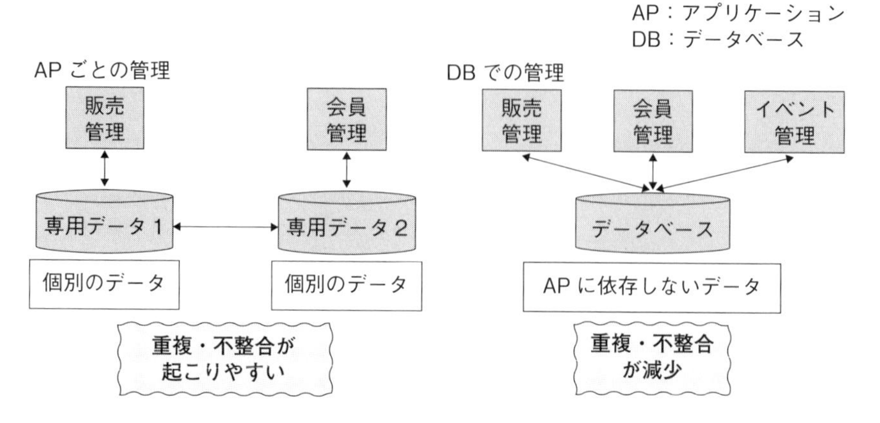

図 6.12　専用データとデータベースの違い

ても結果が同じである．

・永続性（durability）：正常終了した処理状態はシステム障害にかかわらず維持される．

このようにデータベースには貴重な資産であるデータを守るための高度な特性が求められている．こうしたデータベースを適切に活用して貴重なデータを正しく管理する情報システムを構築するためには，きちんとしたデータベース設計を行う必要がある．データベース設計は，概念設計と論理設計という 2 つの設計作業から構成される．概念設計では，情報システムが必要とするデータとその間の関係を整理する．その際に実体関連図もしくはクラス図を用いる．一方論理設計では，そのデータを，リレーショナルデータベース中にどのように格納するかを決定する．その際，冗長性を減らすために正規化という作業を行う．以下，これらについて順次説明する．

6.3.3　概念設計

概念設計（conceptual design）では，情報システムがどのようなデータを必要とするか，またそれらのデータの間にどのような関係があるかを決定し，それをモデル化する．このモデル化作業を**データモデリング**（data modeling）と呼び，構築されるモデルを**概念モデル**（conceptual model）と呼ぶ．概念設計ではデータベースという仕掛けについては考えず，あくまでどのようなデータが必要であるかを検討する．

データモデリングにはアメリカの計算機科学者の P. Chen が提案した**実体関連モデル**（entity-relationship model）［Chen, 1976］が使われてきた．実体関連モデルに基づく図法を実体関連図と呼ぶ．一方，オブジェクト指向の考え方が広まってきたこともあり，近年は実体関連図の代わりに，それをベースにオブジェクト指向の考え方を取り入れたクラス図が利用されることも多い．本書ではまず実体関連モデルの基本である実体と関連について説明したあと，クラス図を用いた図法について説明する．

⑴　実体と実体集合

実体関連モデルでは，対象とする世界の「もの」「概念」「こと」などを**実体**（entity）として捉える．「もの」とは現実世界に存在するもので，例えば商品や顧客（ものという表現が妥当ではないかもしれないが）などを，「概念」は抽象的に捉えられる意味で，例えば利益や売上げなどを，また「こと」は現実世界で起こること，例えば商品が購入されたという出来事や代金が決済されたという出来事などを意味する．アパレルの世界を考えると，例えばセーター，価格，商品の発送，などを実体として捉えることができる．

実体には共通の性質を持ったものが複数存在する．セーターという実体はたくさん存在するがいずれもセーターとして共通する性質を持ち，同様にアパレル店もたくさん存在するがそれらはアパレル店として共通する性質を持つ．このように，共通の性質を持つ実体の集まりを**実体集合**と呼ぶ．またその性質をその実体集合の持つ**属性**という．

実体集合に含まれる複数の実体の中から特定の 1 つの実体を識別する属性の組を**キー**（key）と呼ぶ．例えばセーターを型番によって識別できるとすると，型番という属性がキーとなる．一方，アパレル店は 1 つの会社が複数の場所に店舗を出しているため会社名と所在地によって識別できるとすると，会社名と所在地という 2 つの属性の組がキーとなる．

図 6.13 に実体と実体集合のイメージを示す．

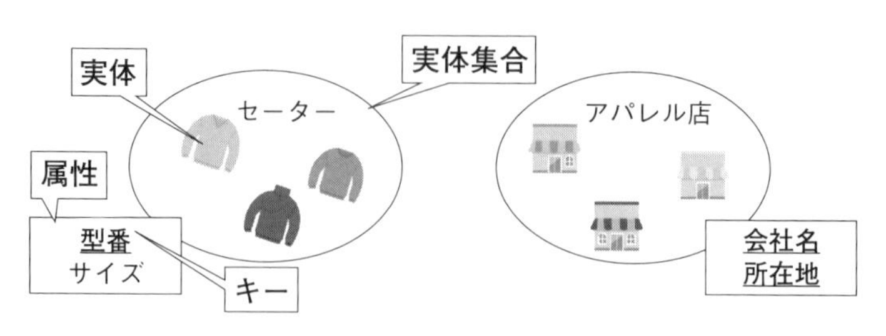

図 6.13　実体と実体集合

(2)　関連と関連集合

複数の実体の間の関係は，**関連**（relation）として捉える．例えばあるセーターが，あるアパレル店で販売されたとすると，そのセーターとそのアパレル店の間には販売するという関連があると捉える．ある実体集合中の実体と，別の実体集合中の実体の間に関連があるとき，それらの関連の集合を**関連集合**と呼ぶ．関連集合が属性を持つこともありうる．一般に関連集合は複数の実体集合間に定義することが可能だが，2 つの実体集合間に定義されるもの（2 項関係）が基本となる．図 6.14 に関連と関連集合のイメージを示す．

実体集合中の実体が，関連集合中の関連によって，他方の実体集合中のいくつの実体と関連づけられるかという制約を**多重度**（multiplicity）という．例えば実体集合 A と，実体集合 B の間に，関連集合 R が定義されているとする．このとき，A, B 中のいずれの要素も，R によって相手側の実体集合のたかだか 1 つの要素とのみ関連付けられるとき，R における A と B の多重度は **1 対 1** と呼ばれる．A 中のいずれの要素も，R に属する関連によって，B 中のたかだか 1 つの要素とのみ関連づけられるとき，R における A と B の多重度は**多対 1** と呼ばれる．A, B 中のいずれの要素も，R によって相手側の実体集合の任意の数（0 や 1 も含む）の要素と対応付けられるとき，R における A と B の多重度は**多対多**と呼ばれる．以上を図 6.15 に示す．

これら以外にも，たかだか 16 個までの要素と対応付けられる，必ず 2 個の要素と対応付けられる，などといった多重度の定義もありうるが，データベース設計においては，まず 1 対 1，多対 1，多体多という多重度を区別することが重要となる．

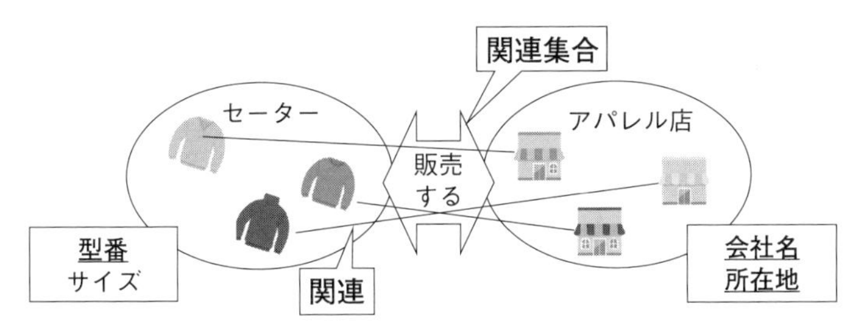

図 6.14　関連と関連集合

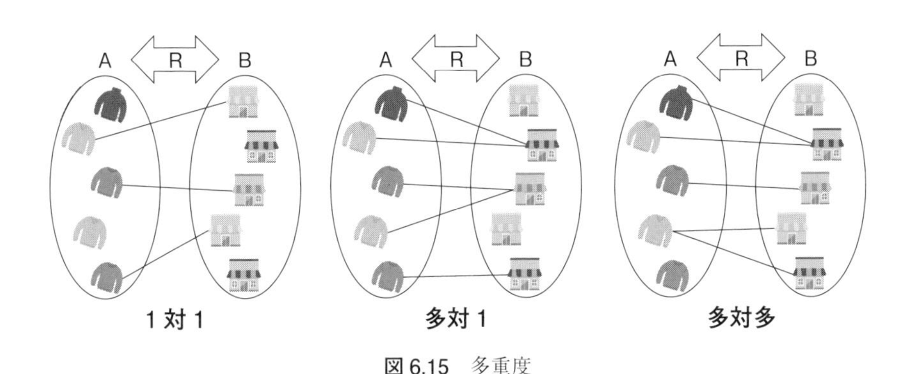

図 6.15　多重度

6.3.4　クラス図

データモデリングにおいては，情報システムに必要なデータやその間の関係を，実体関連図もしくは UML の**クラス図**（class diagram）で記述する．ここではクラス図での記述方法を説明し，参考までに実体関連図での記述を付記する．

図 6.16 はクラス図によるクラス実体集合の記述例である．実体集合は**クラス**（class）として表現する．クラスには必ずクラス名を記述する．属性を記述する場合には，領域を 2 つに分け，上の領域にクラス名を記述し，下の領域に属性名を列挙する．また本書では，キーとなる属性には下線を引いて示すものとする（本来のクラス図の記法にはない方法だが，本書では実体関連図でのキーの記法に準じてこの記述を用いる）．

図 6.17 はクラス図による関連集合の記述例である．関連集合はクラス図の

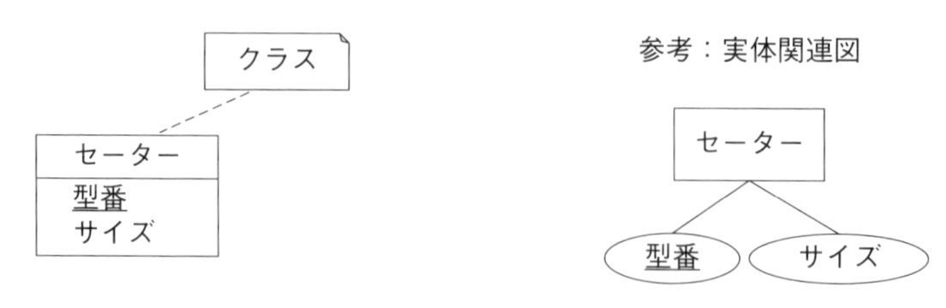

図 6.16　クラス図による実体集合の記述例

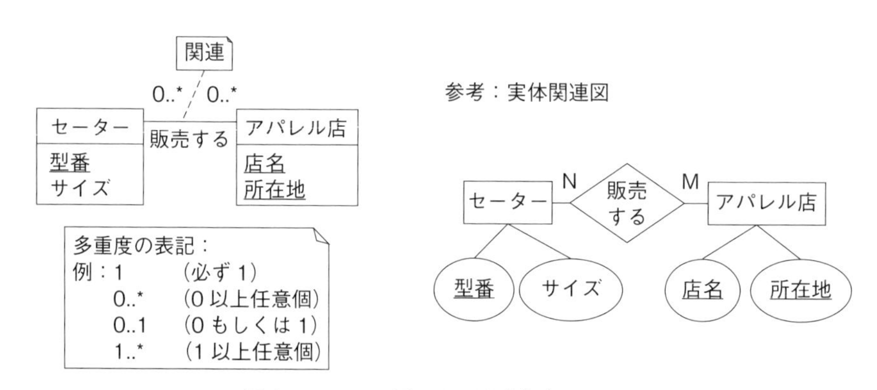

図 6.17　クラス図による関連集合の記述例

関連（association）を用いて表現する．関連には関連名を示し，関連の両端に多重度を示す．多重度の記法は，前述の説明での 1 は「1」に，多は「0..*」に対応するので，この図は多対多を表している．それ以外の多重度の表現方法についても，典型的なものを例示している．

上記では属性はクラスだけが持っているが，関連が属性を持つ状況を考える．例えばセーターがオープン価格で，アパレル店ごとに価格が異なる状況を考える．その場合，価格はセーターとそれを販売するアパレル店という 2 つの関係性によって決定されるので，セーターあるいはアパレル店の属性ではなく，その 2 つの間に定義される販売するという関連の属性とすべきである．図 6.18 は関連が属性を持つ場合のクラス図での表記である．

クラス図では関連の属性を表現する方法は以下の 2 つがある．

(a) 関連に相当するクラスを挿入してそこに属性を持たせる方法．

(a) クラスを用いる方法
1
0..*
0..*
1
セーター
型番
サイズ
販売する
価格
アパレル店
会社名
所在地
(b) 関連クラスを用いる方法
セーター
型番
サイズ
0..*
0..*
アパレル店
会社名
所在地
販売する
価格
関連クラス
参考：実体関連図
価格
N
M
販売する
セーター
アパレル店
型番
サイズ
店名
所在地

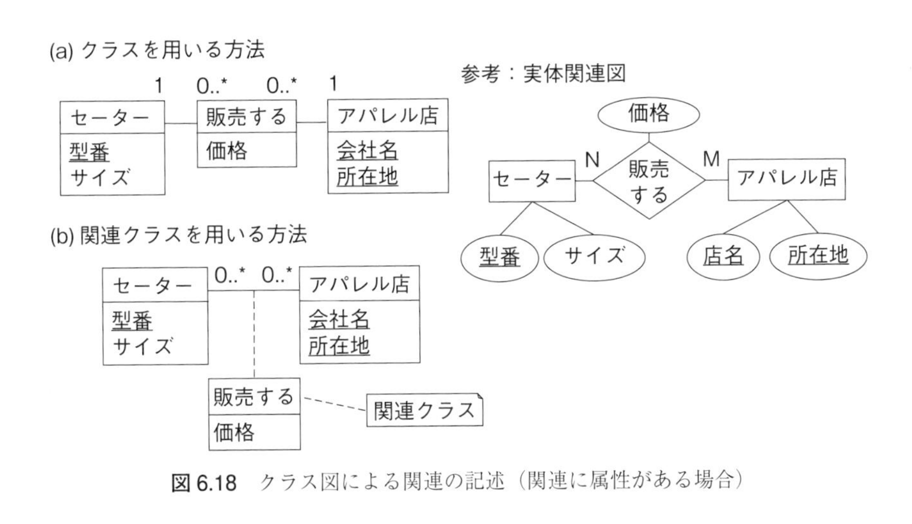

図 6.18　クラス図による関連の記述（関連に属性がある場合）

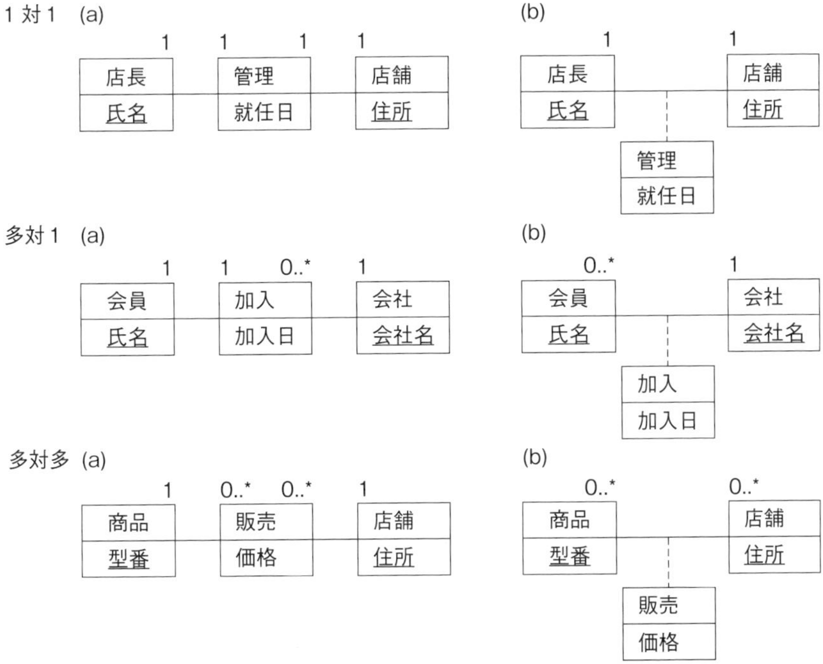

1 対 1　(a)
1
1
1
1
店長
氏名
管理
就任日
店舗
住所
(b)
1
1
店長
氏名
店舗
住所
管理
就任日
多対 1　(a)
1
1
0..*
1
会員
氏名
加入
加入日
会社
会社名
(b)
0..*
1
会員
氏名
会社
会社名
加入
加入日
多対多 (a)
1
0..*
0..*
1
商品
型番
販売
価格
店舗
住所
(b)
0..*
0..*
商品
型番
店舗
住所
販売
価格

図 6.19　関連に属性を持たせる場合の多重度

(b) 関連クラスを用いた方法.

関連とクラスとを破線でつなぐことで，関連をクラスとして見なすことができ，そこに属性を持たせることができる．(a) の場合，多重度に気を付ける必要がある．1つの関連につき対応する両端のクラスが1つずつ対応するため，両端のクラスの側の多重度は1となる．(b) の場合，多重度は通常の関連と同様の記述となる．図6.19に関連に属性を持たせる場合の多重度についてまとめる．

ある実体集合が，他の実体集合を部分集合として含んでいるとき，前者と後者の間に**汎化**（generalization）の関係があるという．例えばセーターもポロシャツもトップスの一種なので，トップスという実体集合の部分集合としてセーターとポロシャツが含まれることになる．図6.20はこれらの関係を直感的に示したものである．

この場合，全体と部分に対応する実体集合間に汎化という関係が定義される．ここで型番やサイズはセーターだけの性質ではなくTシャツを含むトップス一般の性質として捉えられるので，トップスの属性となっている．一方編み方はセーター特有の性質であり，プリントはTシャツ特有の性質なのでそれらはそれぞれの属性となっている．図6.21はクラス図における汎化の記述である．

ここで白い三角の記号がついたクラスがより一般的であり，それと結ばれた側はより特殊（部分集合）であることを示す．図では型番やサイズはトップスというクラスの属性となっているが，上述したようにこれは汎化の関係で結ばれた，より特殊な側のクラス，つまりセーターやTシャツも持っている属性

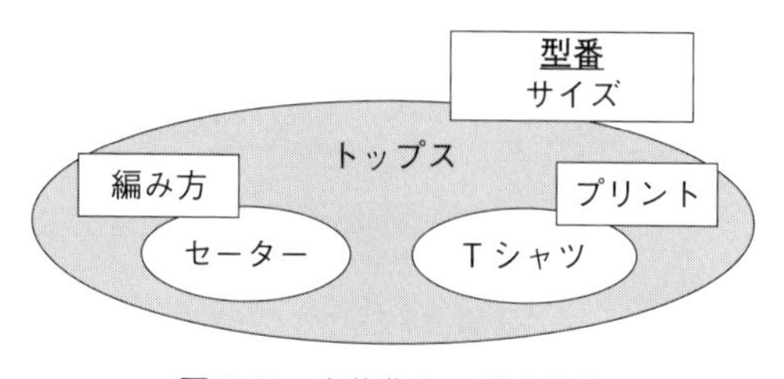

図6.20　実体集合の部分集合

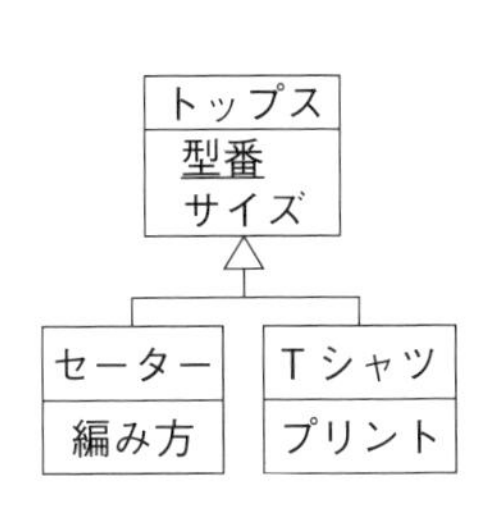

図 6.21　汎化

であると解釈する．つまり，汎化の関係で結ばれたクラス間で，より一般的な側のクラスが持つ属性は，特殊な側のクラスに引き継がれる．これを**継承**と呼ぶ．したがって，このクラス図では，セーターは，型番，サイズ，編み方，という 3 つの属性を持つことになる．

6.3.5　演習 8：クラス図による概念設計

衣料販売の Web システムでは，例えば商品の情報，顧客の情報，販売の情報など，さまざまな情報を扱う．ビジネスにおいてはこうした情報は貴重な資産である．衣料の選択方法，購入方法，あるいはお薦め商品の提示方法など，Web システムの機能は比較的短期間で変更されるかもしれないが，蓄えられた顧客の情報や販売の情報は長期間保管され，その後のビジネスに活用される．そうした情報を管理するために，通常はデータベースを利用する．

本演習では，Web システムのデータベースの概念設計を行う．具体的には「販売サービス」に注目して，そこで必要となる情報を洗い出し，それをクラス図として整理する．具体的には，演習 4 で作成したアクティビティ図を使って処理の流れをイメージしながら，必要とされる情報の洗い出しを行い，それをクラス図に整理する．

(1)　必要な情報の洗い出し

アクティビティ図の制御フローごとに，そのやりとりにどのような情報が必要かを考え，アクティビティ図に記入する．情報の名称を，制御フローの近く

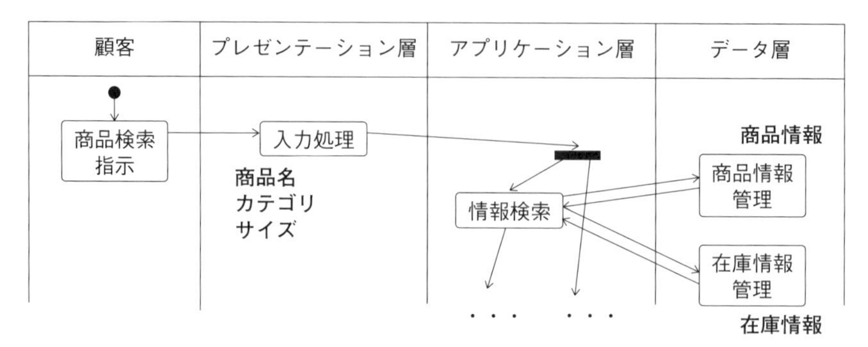

図 6.22　必要な情報の洗い出し例

に記入する．なお，具体的な利用をイメージしてある程度自由に洗い出しを行う．ユースケースやアクティビティ図に厳密に従う必要はない（図 6.22）．

(2)　必要な情報の整理

アクティビティ図に記入した情報を，クラスと属性として表にまとめる．この際，アクティビティ図には現れなくても，システムにとって必要と思われる情報を追加してよい．なお名称などの統一性にも気を配ることが重要である．情報の中にはクラス図において関連として表現されるものもあるが，この整理ではいったんクラスあるいは属性に位置付けておく（図 6.23）．

クラス候補	属性候補
商品（衣類）	商品 ID 商品名 カテゴリ サイズ …
顧客	ユーザ ID 顧客名 …
購入	…
…	…

図 6.23　必要な情報の整理例

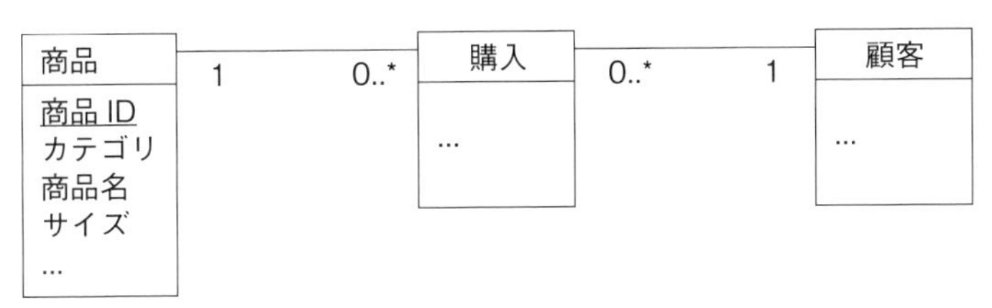

図 6.24　クラス図の作成例

(3)　クラス図の作成

表に整理した情報をクラス図として完成させる．実体集合を表すクラスにおいてキーとなる属性（あるいは複数の属性）に下線を引く．クラス図を記述する際にはクラスだけでなく，関連にも名前を付け，関連の両端に多重度はすべて記入する．なお多重度 1 の場合は 1 と明記する（図 6.24）．

6.3.6　論理設計

概念設計では，情報システムが必要とするデータとその間の関係を概念モデルとして定義した．そのデータを実際のデータベースという仕掛けの中に，どのように格納するかを決定する作業が**論理設計**（logical design）である．

現在利用されているデータベースの多くが**リレーショナルデータベース**（RDB: relational database）である．リレーショナルデータベースにデータを格納するためには，データをリレーショナルモデルによって表現する必要がある．これは直感的にはデータをテーブルとして表現するものである．したがって，クラス図で表現されたデータを，テーブルの形式に変換しなければならない．

この際，どのようなテーブルに変換するかによって，データの管理が容易になったり煩雑になったりする．特に複数種類のデータをひとつのテーブルに詰め込もうとすると，同じデータが複数箇所に出現して冗長性が増すことがある．そうしたテーブルをより冗長性の少ない望ましい形に変換する作業が正規化である．ここではリレーショナルモデルについて説明し，正規化については 6.3.7 項で説明する．

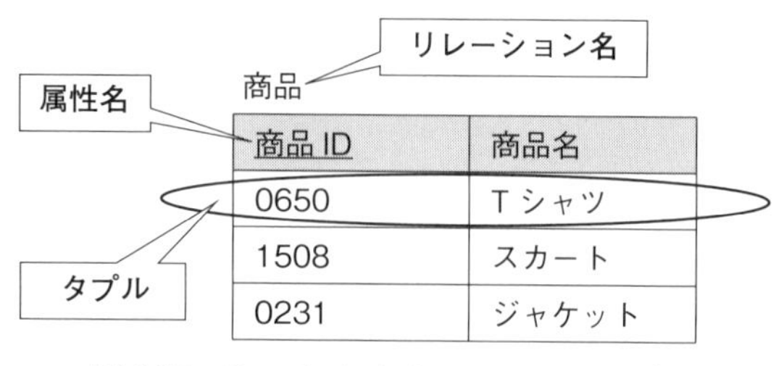

商品 ID	商品名
0650	T シャツ
1508	スカート
0231	ジャケット

図 6.25　テーブルによるリレーションの表現

(1)　**リレーショナルモデル**

リレーショナルモデル（relational model）は，イギリスの計算機科学者の E. F. Codd が 1970 年代に提案したモデルで［Codd, 1972］，リレーショナルデータベースの論理設計で用いられる．リレーショナルモデルは直感的には図 6.25 に示すようにテーブルの形式で表現される．「商品」はテーブル，すなわち**リレーション**（relation）の名称であり**リレーション名**と呼ばれる．またテーブルの 1 行目は各コラムが何を表すかを示しており，「商品 ID」,「商品名」は**属性名**と呼ばれる．2 行目以降の各行は**タプル**（tuple）と呼ばれ，属性値の組みを表す（例えば 2 行目は属性「商品 ID」の属性値「0650」と，属性「商品名」の属性値「T シャツ」の組を表す）．この表の場合は 3 つのタプルによってリレーションが構成されている．

図のリレーションにはさまざまな商品を表現するタプルを含めることができるが，リレーション名や属性名はこのリレーションの不変的な構造を表すと考えられる．リレーショナルモデルにおけるリレーションの不変的な構造（あるいは性質，それを表す属性の組）を**リレーションスキーマ**（relation scheme）と呼び，リレーション名のあとに括弧をつけ，その中に属性名をカンマで区切って表記するものとする．上記の表のリレーションスキーマは以下のようになる．なお下線の意味については，後述する．

商品（<u>商品 ID</u>，商品名）

(2)　主キーと外部キー

リレーション中で，ある属性値（の組）を用いることで，特定のタプルを識別できるとき，それを**候補キー**（candidate key）と呼ぶ．例えば「社員（社員番号，社員名，給与，所属，健保番号）」というリレーションスキーマに基づくリレーションがあり，属性「社員番号」あるいは属性「健保番号」の値が決まれば特定のタプルが一意に識別できる場合，これらの属性は候補キーとなる．このように候補キーは一般に複数ありうる．また学校の生徒が属性「学年」，「クラス」，「出席番号」の値の組で識別できる場合には，これらの属性の組が候補キーとなる．なお，候補キーが複数の属性の組によって構成される場合，その属性に冗長なものがなく，1つでも欠けるとタプルが識別できないという極小なものでなければならない．

論理設計においてリレーションを定義する際には，候補キーの中から1つを選び，それを**主キー**（primary key）とする．どのようなリレーションでも，必ず主キーを持つように設計しなければならない．主キーは，リレーション中のタプルを一意に識別できなければならず，かつそれが空値（空欄）であることは認められない．この制約を**キー制約**と呼ぶ．リレーションスキーマ中では，主キーに相当する属性名に下線を引いて示す．上のリレーションスキーマで属性「商品 ID」に引かれた下線は，それが主キーであることを示している．

あるリレーションの属性の値が，他のリレーションの主キーの値をとる場合に，その属性を**外部キー**（foreign key）と呼ぶ．外部キーは空欄であってもよいが，値を持つ場合には，必ず対応する他のリレーションの主キーのいずれかの値を持つ必要がある．つまり空欄でない場合には，他の表の特定のタプルと

商品 ID	商品名	サイズ	製造元
0650	T シャツ	L	K55
1508	スカート	M	K41
0231	ジャケット	M	K55

会社 ID	会社名
K55	GUP
K41	Cerine

図 6.26　外部キーの例

対応づけられることになる．図 6.26 でリレーション「商品」の属性「製造元」は，リレーション「メーカー」の主キーである「会社 ID」の値をとる外部キーである．外部キーを用いて，2 つのテーブルのタプルを関連づけることができる．

(3) リレーショナル代数演算

リレーションに対しては**リレーショナル代数演算**と呼ばれるいくつかの演算が定義されている．代表的なものとして，和集合演算，差集合演算，共通集合演算，直積演算などの集合演算と，射影演算，選択演算，結合演算，商演算などのリレーショナル代数特有の演算などがある．ここでは射影演算，選択演算，結合演算についてのみ説明する．

A) 射影演算

リレーションのいくつかの属性部分のみを指定して，リレーションを縦方向に切り出す演算を**射影**（projection）演算と呼ぶ．図 6.27 の左側のリレーションは，図 6.26 の左側のリレーションに対する射影演算の例であり，商品の属性のうち，商品 ID，商品名，サイズに対応する列のみを取り出している．ここではその演算を，商品［商品 ID，商品名，サイズ］と記す．

B) 選択演算

リレーションの属性に対する条件を指定して，その条件を満たす行だけを選択する演算を**選択**（selection）演算と呼ぶ．リレーションを横方向に切り出す

射影演算の例

商品［商品 ID, 商品名 , サイズ］

商品 ID	商品名	サイズ
0650	T シャツ	L
1508	スカート M	M
0231	ジャケット M	M

選択演算の例

商品［製造元 = K55］

商品 ID	商品名	サイズ	製造元
0650	T シャツ	L	K55
0231	ジャケット	M	K55

図 6.27　射影演算と選択演算の例

商品［製造元＝会社 ID］メーカー

商品・商品 ID	商品・商品名	商品・サイズ	商品・製造元	メーカー・会社 ID	メーカー・会社名
0650	T シャツ	L	K55	K55	GUP
1508	スカート	M	K41	K41	Cerine
0231	ジャケット	M	K55	K55	GUP

自然結合の場合，重複した列の 1 つを削除する．

図 6.28 結合演算（等号結合）の例

演算である．図 6.27 の右側のリレーションは選択演算の例であり，商品のタプルの中で，製造元が K55 のものだけを取り出している．条件は属性に対する比較で表現する．ここでは，その演算を商品［製造元＝K55］と記す．

C）結合演算

2 つのリレーションを属性で関係付けて，1 つのリレーションにする演算を**結合**（join）演算と呼ぶ．ここでは特に**等号結合**を考える．等号結合とは，あるリレーションの属性の値と，他のリレーションの属性の値を関連付け，その値が等しいタプルを結合して 1 つのタプルとし，リレーションを構成することである．図 6.28 は図 6.26 中の 2 つのリレーションに対して結合演算を行った例である．ここではリレーション「商品」の属性「製造元」と，リレーション「メーカー」の属性「会社 ID」を関連付け，等しいものを結合している．等号結合を行うと，同じ値を持った属性が表れ（上記の「商品・製造元」と「メーカー・会社 ID」）冗長である，そのため，一方を削除したリレーションを得ることが有用である．等号結合を行い，冗長な属性のうち一方を削除したリレーションを得る操作を**自然結合**（natural join）と呼ぶ．

6.3.7 正規化

前述したように，データベース中のデータはできるだけ冗長性を減らすことが重要となる．関係の**正規化**（normalization）とは，リレーション中の冗長性を減らすための作業であり，正規化を施されたリレーションを正規形という．正規形には第1正規形から第5正規形まであるが，通常の業務では第3正規形までの正規化を行うことが多いため，以下では第3正規形までを説明する．なお，第2正規形であるためには第1正規形でなくてはならず，第3正規形であるためには第2正規形でなければならないという関係がある．

(1) 第1正規形

リレーションの属性値が要素的で構造を持たないとき（これを**シンプル**という），そのリレーションは**第1正規形**（1NF: first normal form）であるという．構造を持つ典型例は，その属性が複数の属性の組になっている場合，あるいはその属性が集合値をとる場合である．組になっている場合は，それを構成する個々の属性を分けることで，集合値の場合は集合の要素ごとにタプルを分けることで，シンプルにすることができる．図6.29に第1正規形でないリレーションと，それを第1正規形に正規化した例を示す．

第1正規形への正規化は，冗長性の削減ということではなく，そもそもリ

顧客
（名前が**属性の組**なので第1正規形でない）

顧客 ID	名前
0650	（二宅，二生）
1508	（山久保，零）

⇒

顧客

顧客 ID	顧客名（姓）	顧客名（名）
0650	二宅	二生
1508	山久保	零

商品
（色が**集合値**なので第1正規形でない）

商品 ID	種類	色
00233	セーター	{ホワイト，ブラック}
00011	ポロシャツ	{レッド，ネイビー，ホワイト}

⇒

商品

商品 ID	種類	色
00233	セーター	ホワイト
00233	セーター	ブラック
00011	ポロシャツ	レッド
00011	ポロシャツ	ネイビー
00011	ポロシャツ	ホワイト

図6.29　第1正規形への正規化

レーショナルデータベースでリレーションを構成する際の大前提となるものである．なお，何が要素的かは，対象とする情報システムによって変わる．必ず姓名をひとまとまりとして扱うのであれば姓名は要素的だが，姓の部分，名の部分を分けて扱うことがあるのであれば姓名は要素的ではない．論理設計においてはデータモデリングを踏まえ，開発中の情報システムがどのようなデータをどう扱うかを十分に検討し，それに基づいて何を要素的とするかを決定する必要がある．

(2) 関数従属性

第2正規形や第3正規形を理解する上で重要な性質が，**関数従属性**（functional dependency）である．リレーションが属性（群）XとYを持ち，Xの値が決まると，Yの値が決まる際に，YはXに関数従属しているといい，本書ではX→Yと表現する．

例えば図6.30のリレーション「販売」では，「顧客」と「商品」が決まると「数量」が決まるため，「{顧客，商品} →数量」という関数従属性があるといえる．また「数量」と「単価」が決まると「金額」が決まるため，「{数量，単価} →金額」という関数従属性がある．このようにリレーションの中にはさまざまな関数従属性がありうる．特に，X→Yであり，Xの任意の真部分集合X'についてX'→Yが成り立たないときに，YはXに**完全関数従属**しているという．例えばこのリレーション中には，「{顧客，商品} →単価」という関数従属性があるが，{顧客，商品} の真部分集合である {商品} に対しても「商品→単価」という関数従属性が成り立つため，「単価」は「{顧客，商品}」に完全関数従属していない．

販売

顧客	商品	数量	単価	金額
二宅	Tシャツ	2	4,500	9,000
山久保	ポロシャツ	1	6,800	6,800
山久保	セーター	3	7,500	22,500
堅田	Tシャツ	1	4,500	4,500

図6.30　販売のリレーション

リレーション「販売」を見ると，Tシャツが4,500円であるというデータが2カ所に重複して存在している．これは「商品」に完全関数従属している「価格」が，「顧客」と「商品」の組を主キーとするリレーションに含めているため，同じ「商品」（ここではTシャツ）が，複数のタプルに現れうるからである．つまり主キーに完全関数従属する属性と，完全関数従属しない属性を混在させているから重複が発生している．

なお，第1正規形における何が要素的かの議論と同様に，関数従属性は対象とする情報システムによって変わる．例えばある大学では学生番号を見れば，入学年度が分かるかもしれないが，別の大学では学生番号と入学年度は無関係かもしれない．前者では「学生番号→入学年度」という関数従属性が存在するが，後者では存在しない．したがって自分が構築しようとする情報システムが何を対象としているかを十分に検討して関数従属性を決定しなければならない．特定の大学の情報システムを作っているのであればその大学の事情に合わせて関数従属性を決定すればよいが，複数の大学に適用するつもりであればさまざまな大学の事情を調べた上で決定しなければならない．一方，過度に一般化すると極めて煩雑なデータ管理が必要になることもある．対象範囲をどこに設定するかは，分析や設計における重要な判断事項である．

(3) 第2正規形

リレーションが第1正規形であり，かつすべての非キー属性が主キーに完全関数従属しているとき，そのリレーションは**第2正規形**（2NF: second normal form）であるという．ここで，**非キー属性**とは主キー以外の属性である．

図6.30のリレーション「販売」においては，非キー属性は「数量」「単価」「金額」であるが，上述したように，「単価」という属性は，主キーである {顧客，商品} に完全関数従属していないため，このリレーションは第2正規形ではない．

第2正規形でないリレーションから第2正規形への正規化は，元のリレーション中で，主キーに完全関数従属する非キー属性と，主キーに完全関数従属しない非キー属性を区別し，元のリレーションから後者の非キー属性を取り除いたリレーションと，後者の非キー属性とそれが完全関数従属する属性とから

「単価」は主キーの一部である「商品」に完全関数従属しているので第２正規形でない.

販売

顧客	商品	数量	単価	金額
二宅	Ｔシャツ	2	4,500	9,000
山久保	ポロシャツ	1	6,800	6,800
山久保	セーター	3	7,500	22,500
堅田	Ｔシャツ	1	4,500	4,500

販売［顧客，商品，数量，金額］

顧客	商品	数量	金額
二宅	Ｔシャツ	2	9,000
山久保	ポロシャツ	1	6,800
山久保	セーター	3	22,500
堅田	Ｔシャツ	1	4,500

販売［商品，単価］

商品	単価
Ｔシャツ	4,500
ポロシャツ	6,800
セーター	7,500

図 6.31　第２正規形への正規化

なるリレーションとに分割することで行われる.

図 6.31 に，図 6.30 で示したリレーション「販売」を，第２正規形に正規化した例を示す.

リレーション「販売」においては属性「単価」が主キーに完全関数従属していないため，それを取り除いたリレーション「販売［顧客，商品，数量，金額］」（図の左下）と，「単価」とそれが完全関数従属する「商品」からなるリレーション「販売［商品，単価］」（図の右下）の２つに分割する．後者では「商品」が主キーとなる.

このように分割することで，分割された２つのリレーションは，いずれも第２正規形となる．またこのように分割された２つのリレーションを自然結合すると，元のリレーション「販売」を得ることができるので，分割してもデータは失われない．このように，リレーションの持つデータを失うことのない分割を，**情報無損失分解**と呼ぶ.

(4)　第３正規形

第２正規形であっても冗長性が残る場合がある．図 6.32 の上部のリレー

「ポイント」は主キー「顧客 ID」に推移的に関数従属しているので第 3 正規形でない．

顧客

顧客 ID	姓名	住所	ステータス	ポイント
0650	二宅 二生	広島	ブロンズ	1 倍
1508	山久保 零	東京	シルバー	2 倍
0231	堅田 賢蔵	兵庫	ゴールド	3 倍
2034	嶋田 純子	千葉	シルバー	2 倍

顧客［顧客 ID，姓名，住所，ステータス］

顧客 ID	姓名	住所	ステータス
0650	二宅 二生	広島	ブロンズ
1508	山久保 零	東京	シルバー
0231	堅田 賢蔵	兵庫	ゴールド
2034	嶋田 純子	千葉	シルバー

顧客［ステータス，ポイント］

ステータス	ポイント
ブロンズ	1 倍
シルバー	2 倍
ゴールド	3 倍

図 6.32　第 3 正規形への正規化

ション「顧客」において，すべての非キー属性（「姓名」，「住所」，「ステータス」，「ポイント」）は，主キーである「顧客 ID」が決まれば一意に決まるため，第 2 正規形である．しかし，「ステータス」がシルバーであれば「ポイント」が 2 倍というデータは 2 カ所に存在する．

このリレーション「顧客」では，顧客そのものに関するデータと，ステータスに応じたポイントに関するデータの二種類が含まれているため，こうした冗長性が発生している．第 2 正規形なのにこうした問題が起こるのは，「顧客 ID →ポイント」という関数従属性が，「顧客 ID →ステータス」と「ステータス→ポイント」という 2 つの関数従属性の連鎖の結果となっているためである．これを**推移的な関数従属**と呼ぶ．

リレーションスキーマが第 2 正規形であり，かつすべての非キー属性が，いずれの候補キーにも推移的に関数従属しないときに，そのリレーションスキーマは**第 3 正規形**（3NF: third normal form）であるという．第 3 正規形でないリレーションから第 3 正規形のリレーションへの正規化は，推移的な関数従属をしている属性を，別のリレーションとして分解することで行うことができる．図 6.32 の下部はリレーション「顧客」を第 3 正規形に正規化した例である．ここでは属性「ポイント」が，リレーション「顧客」の主キー「顧客ID」に対して推移的に関数従属しているため，この属性「ポイント」を除いたリレーション「顧客［顧客ID，姓名，住所，ステータス］」と，属性「ポイント」と，それが直接（推移的でなく）完全関数従属している属性「ステータス」からなるリレーション「顧客［ステータス，ポイント］」とに分割されている．後者では「ステータス」が主キーとなる．

6.3.8　クラス図からリレーショナルスキーマの導出

ここまでデータベース設計について，概念設計と論理設計，またそこで使われるクラス図やリレーショナルモデルについてみてきた．最後にクラス図からリレーションスキーマを導出する方法について説明する．

クラス図からリレーションスキーマを導出する方法はいろいろ考えられるが，ここでは基本的な変換ルールの例を示す．この変換ルールで得られるリレーションスキーマは第1正規形であるが，第2正規形以上の正規形になっていることは保障されないので，変換後，関数従属性をチェックして，必要に応じて第2正規形，第3正規形への正規化を行う必要がある．なおこの変換ルールは厳密な規則というものではなく，基本的なガイドラインという程度に捉えることが妥当である．

(1)　変換ルール：クラス（実体集合）

クラスに対してリレーションスキーマを定義する．クラスのすべての属性をリレーションスキーマの属性にし，クラスの主キーをリレーションスキーマの主キーとする．

例えば図6.16に対応するリレーションスキーマは以下となる．

セーター（<u>型番</u>，サイズ）

(2)　変換ルール：1対1の関連

2つのクラスの間の関連の多重度が1対1の場合，どちらかのクラスに他方の主キーを属性として持たせる．関連に属性がある場合には，それも持たせる.

例えば図 6.19 の 1 対 1 に対応するリレーションスキーマは以下のいずれかになる.

店長（氏名, 住所, 就任日）
店舗（住所）

あるいは

店長（氏名）
店舗（住所, 氏名, 就任日）

ここではまず (1) の変換ルールに基づき, それぞれのクラスに対応するリレーションスキーマが定義され, それぞれの属性がそのリレーションスキーマに含まれている. つまり, リレーションスキーマ「店長」は属性「氏名」を, リレーションスキーマ「店舗」は属性「住所」を持っている. さらに関連「管理」は, 上の例ではリレーションスキーマ「店長」に店舗の主キーである「住所」と関連の属性「就任日」を持たせることで, 下の例ではリレーションスキーマ「店舗」に「店長」の主キーである「氏名」と関連の属性「就任日」を持たせることで表現している.

(3) 変換ルール：多対 1 の関連

2 つのクラスの間の関連の多重度が多対 1 の場合, 多側のクラスに対応するリレーションスキーマに, 1 側クラスの主キーを属性として持たせる. 関連に属性がある場合には, それも多側に持たせる.

例えば図 6.19 の多対 1 に対応するリレーションスキーマは以下となる.

会員（氏名, 会社名, 加入日）
会社（会社名）

ここでは, 1 つの「会社」が複数の「会員」を持つため, 多側の「会員」に, 1 側の「会社」の主キー「会社名」を持たせている. また関連の属性「加入日」も，「会員」に持たせている．「会員」ごとに「加入日」が異なるからである．

(4)　変換ルール：多対多の関連

2つのクラスの間の関連の多重度が多対多の場合，両端のクラスに対応するリレーションスキーマとは別に新たなリレーションスキーマを定義し，そこに両端のクラスの主キーを持たせる．この主キーの組み合わせがこのリレーションスキーマの主キーとなる．関連に属性がある場合には，それも持たせる．

例えば図6.19の多対多に対応するリレーションスキーマは以下となる．

商品（型番）
店舗（住所）
販売（型番，住所，価格）

ここでは，両端のクラス「商品」，「店舗」に対してそれぞれリレーションスキーマを定義し，その属性のみを持たせている．それとは別に関連「販売」に対応するリレーションスキーマを定義し，そこに両端の「商品」と「店舗」の主キーを持たせている．さらに関連の属性「価格」も持たせている．多対多の場合，「販売」という関連は「商品」と「店舗」の組み合わせになるため，そのタプル数は「商品」や「店舗」のタプル数よりも多くなりうるため，両端にそれを持たせることができないからである．

(5)　変換ルール：汎化

クラスに対して上位のクラス（親クラス）が存在する場合には，親クラスに対応するリレーションスキーマの主キーを，下位のクラスに対応するリレーションスキーマの属性に加えてそれを主キーとする．

例えば図6.21に対応するリレーションスキーマは以下となる．

セーター（型番，サイズ，編み方）
Tシャツ（型番，サイズ，プリント）

ここでは，クラス「セーター」と「T シャツ」に対応するリレーションスキーマをそれぞれ定義し，属性「編み方」,「プリント」をそれぞれに持たせるとともに，上位の実体集合（親クラス）である「トップス」の属性「型番」と「サイズ」を追加し，前者を主キーとしている．なお,「トップス」に対応するリレーションスキーマを作るかどうかはケースバイケースである．「トップス」はさまざまなトップスの共通的な性質を記述するために定義しただけであり，実体としては「セーター」や「T シャツ」しか考えないのであれば,「トップス」というリレーションスキーマを定義する必要はない．

大きな作業の流れとして，まずクラス（実体集合）に関するルール (1) や汎化のルール (5) を用いて，各クラスに対応するリレーションスキーマを定義し，次にクラス間の関連の多重度を見て，多重度に応じたルール (2), (3), (4) を適宜適用する．ただしこれらのルールや作業の流れはあくまで基本的な方針であり，実際には状況に応じた検討が必要である．

6.3.9　演習 9：正規化

演習 8 では，データベースの概念設計として，衣料販売の Web システムで必要とされるデータの洗い出しを行い，それをクラス図として整理した．

本演習では，演習 8 で作成したクラス図を，変換ルール（6.3.8 項）を参考にリレーショナルモデルに変換し，さらにそれをリレーショナルデータベースでの管理に適するように正規化を行う．

(1)　クラス図を記載

演習 8 で作成したクラス図を用意する．なお，必要に応じて，クラス図を修正しても構わない．

(2)　リレーションスキーマを定義

変換ルールを参考にして，(1) のクラス図からリレーションスキーマを導出する．

(3)　関数従属性をリストアップ

正規化を行う準備のために，リレーションスキーマ中で，主キーと非キー属性との間の関数従属性を調べる．

(4)　第 2 正規形への正規化

(2) で得られたリレーションスキーマの中で，第 2 正規形でないものがあれば，第 2 正規形でない理由を述べ，第 2 正規形に変換する．既にリレーションスキーマが第 2 正規形であればそのように記述する．

(5)　第 3 正規形への正規化

(4) で得られたリレーションスキーマ（正規化不要だった場合は (2) のリレーションスキーマ）の中で，第 3 正規形でないものがあれば，第 3 正規形でない理由を述べ，第 3 正規形に変換する．既にリレーションスキーマが第 3 正規形であればそのように記述する．

6.4　SQL

SQL は，structured query language という名前から作られた用語であり，データベースの定義や操作を実現するための指示命令言語の 1 つである．

特にリレーショナルデータベースでは，ISO や JIS で標準規格として制定されておりデータの検索や変更を行うためには必ず SQL が用いられる．

6.4.1　SQL が持つ制御機能

SQL には，データベースの定義，データベースの操作，トランザクションの管理などを行う命令がある．

データベースを定義する命令では，データを格納するテーブルの定義や生成，複数のテーブルを関連付ける条件を定め，データベースの機密性の定義やデータ保護の宣言などを行う．

データベースを操作する命令では，テーブルに対してデータの登録，修正，削除，複数テーブルの結合やビュー表の作成といった集合的な操作やデータの検索などを行う．

トランザクションを管理する命令では，不具合発生時の回復処置や同時実行を保障する一連処理の最小単位の定義や操作を行う．

6.4.2 SQLの基本的な操作

SQLの基本的な操作には「何をするのか」，「どの表から」，「何の条件で」の3つがあり，それぞれについて指示する（図6.33）．

まず「何をするのか」という操作では，検索のSELECT，挿入のINSERT，更新のUPDATE，削除のDELETEを使い分ける（図6.34）．

次に，「どの表から」を指定する際には，FROMというキーワードを使用し，その構文を通常「FROM句」と呼ぶ．さらに，「何の条件で」では，WHEREというキーワードを使用し，通常これは「WHERE句」と呼ばれる．

検索や挿入などの単位はタプル，もしくは行の単位となり，データベースではレコードと呼ぶ場合もある．

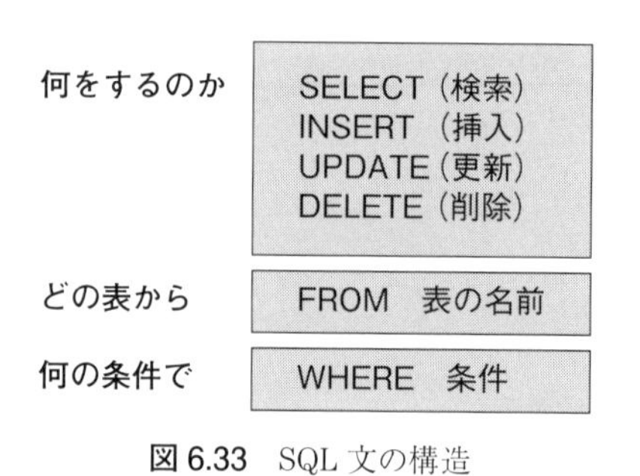

図6.33　SQL文の構造

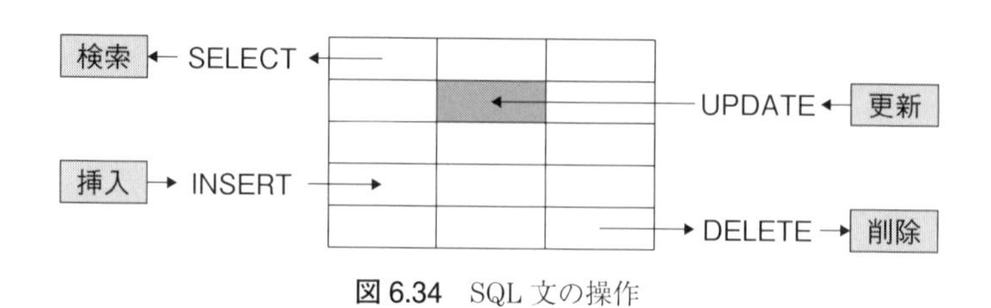

図6.34　SQL文の操作

NUMBER	NAME	GR	POS	BIRTHDAY	HEIGHT	WEIGHT	TEAM
90	ジーコン	監督	BY	1949-3-31	180cm	82kg	サッカー国際 コーチ協会
23	川口義勝	選手	GK	1975-8-15	179cm	78kg	シピューロ磐田
21	加治亮	選手	DF	1980-1-13	177cm	73kg	FC トーキョー
5	宮本常安	選手	DF	1977-2-7	176cm	72kg	かんぱ大阪
14	三都主 荒参怒呂	選手	DF	1977-7-20	178cm	69kg	浦賀 ブルートパーズ
18	稲本准一	選手	MF	1979-9-18	181cm	75kg	イーストブロム ウィッチ
10	中村俊助	選手	MF	1978-6-24	178cm	73kg	コッチーナ
7	中田英利	選手	MF	1977-1-22	175cm	72kg	チロリンティーナ
16	大黒正志	選手	FW	1980-5-4	177cm	74kg	かんぱ大阪
13	柳沢厚志	選手	FW	1977-5-27	177cm	75kg	マッテーナ
9	玉田啓志	選手	FW	1980-4-11	173cm	63kg	舵輪ソレイユ
17	三浦篤弘	選手	DF	1974-7-24	175cm	73kg	ビィッテル神戸

図 6.35 MEMBER 表の例

(1) SELECT 文

データベースのテーブルからデータを検索する際に SELECT 文を用いる．この際，取得する元のテーブルを FROM で指定し，取得する列の名前をカンマで区切って列挙する．例えば，図 6.35 のような MEMBER 表があった場合，ここから POS 列のみを検索するには，以下のように記述する．

```
SELECT POS FROM MEMBER
```

この SQL を実行すると，BY, GK など POS の列のデータがすべて検索できる．すべての列を一度に検索する場合は，列名のかわりに「*」を指定する．

検索結果を特定の順番に並べ替えたい場合は，SELECT 文の最後に ORDER BY 句を指定する．例えば MEMBER 表から NUMBER 順で POS を検索したい場合，以下のように指定する．

```
SELECT POS FROM MEMBER ORDER BY NUMBER
```

(2) WHERE 句

SELECT だけではすべてのデータの検索になってしまうため，特定の条件に合致するデータを検索するために WHERE 句を指定する．WHERE 句には列名とそれに対応する値を指定する．例えば，前記 MEMBER 表から NAME が中村俊助の POS を検索したい場合は，以下のように指定する．

```
SELECT POS FROM MEMBER WHERE NAME=' 中村俊助 '
```

値が文字列の場合はシングルクォート「'」で囲み，数値の場合はそのまま記述する．また，一致する場合は「=」で，一致しない場合は「!=」もしくは「<>」を指定する．SQL は任意の場所に改行を入れても構わない．

(3) INSERT 文

データベースのテーブルにデータを追加したい場合は，INSERT 文を用いる．

INSERT 文は，INSERT INTO に続けてテーブル名を指定し，その後ろに追加するデータを入れる列名をカッコの中に列挙，VALUES でその列挙した列に対応する値をカンマ区切りで指定する．例えば，MEMBER 表に NUMBER が 15，NAME が福西高志，GR が選手，POS が MF，BIRTHDAY が 1976-09-01，HEIGHT が 181cm，WEIGHT が 77kg，TEAM がシピューロ磐田のデータを挿入する場合，以下のような SQL を指定する．

```
INSERT INTO MEMBER
(NUMBER, NAME, GR, POS, BIRTHDAY, HIGHT, WEIGHT, TEAM)
VALUES (15,' 福西高志 ',' 選手 ','MF','1976-09-01','181cm','77kg',
' シピューロ磐田 ')
```

なお，テーブルの列の順序で，すべての列にデータを指定する場合，列名の列挙は省略することができる．

(4) UPDATE 文

データベースのテーブルのデータを更新する場合，UPDATE 文を用いる．例えばすべての MEMBER の TEAM を JAPAN に変更する場合，以下のように SQL を指定する．

```
UPDATE MEMBER SET TEAM='JAPAN'
```

また，特定のデータのみを更新したい場合は，SELECT と同様に WHERE で更新先のデータの条件を指定する．

(5) DELETE 文

データベースのテーブルのうち，特定のタプルもしくはレコードを削除する場合には，DELETE 文を用いる．DELETE 文の単位は常にレコードであり，特定の列のみの削除などはできない．例えば，NUMBER が 14 のデータを削除する場合，以下のように SQL を指定する．

```
DELETE FROM MEMBER WHERE NUMEBER=14
```

6.4.3 表の結合

複数のテーブルを同時に検索したい場合，テーブルの結合を行う．テーブルを結合する場合は，FROM に 2 つのテーブルを列挙し，WHERE 句にそれぞれのテーブルで一致する列がどれかを指定する．また列名の指定の際には，テーブル名もドット「.」でつないで併記する．例えば，図 6.36 のような SYAIN 表と KINMU 表があった場合，SYAIN 表の KINMU_NO と KINMU 表の KINMU_NO が一致するそれぞれの NAME を検索したい場合，以下のように SQL を指定する．

```
SELECT  SYAIN.SYAIN_NO, SYAIN.NAME, KINMU.NAME
FROM    SYAIN, KINMU
WHERE   SYAIN.KINMU_NO=KINMU.KINMU_NO
```

SYAIN

SYAIN_NO	NAME	BUSYO	NYUSYA DATE	KYUYO	KINMU_NO
7501	川口義勝	設計	1999-04-01	1000	1
6202	加治亮	設計	1999-04-01	1200	1
5501	宮本常安	企画	2000-04-01	1900	1
2301	稲本准一	販売	2003-04-01	2000	4
5401	中村俊助	販売	2004-04-01	1300	4
7411	中田英利	営業	2004-04-01	1600	3
7212	大黒正志	設計	1997-04-01	1500	2
0334	柳沢厚志	企画	1998-04-01	1800	2
6109	玉田啓志	設計	2001-04-01	1400	3
1106	三浦篤弘	営業	2002-04-01	1100	2

KINMU

KINMU_NO	NAME
1	新宿
2	横浜
3	川崎
4	宇都宮

図 6.36　SYAIN 表と KINMU 表

6.4.4　演習 10：SQL の作成と実行

図 6.37 ～ 6.39 を基に，6 種類の SQL 文を完成させて実際に実行させる．

問 1　SYAIN 表から，［SYAIN_NO］，［BUSYO］，［NYUSYADATE］を検索．

問 2　SYAIN 表から，［KINMU_NO］が「1」の［NAME］を検索．

問 3　SYAIN 表から，［BUSYO］が「設計」か［KINMU_NO］が「1」の社員のうち，［SYAIN_NO］と［NAME］を［SYAIN_NO］の小さい順に並べ検索．

問 4　SYAIN 表に新しく，［SYAIN_NO］が「2499」，［NAME］が「山田」，［BUSYO］が「設計」のデータを追加．

問 5　SYAIN 表で［BUSYO］が「設計」である社員の［KYUYO］を 1.1 倍に変更．

問 6 SYAIN 表で［BUSYO］が「企画」である社員のデータを削除.

問 7 SYAIN 表の［KINMU_NO］と KINMU 表の［KINMU_NO］を結合して, KINMU 表の［KINMU_NO］の［NAME］が'横浜'のレコードをすべて検索.

SYAIN

SYAIN_NO	NAME	BUSYO	NYUSYADATE	KYUYO	KINMU_NO
7501	川口義勝	設計	1999-04-01	1000	1
6202	加治亮	設計	1999-04-01	1200	1
5501	宮本常安	企画	2000-04-01	1900	1
2301	稲本准一	販売	2003-04-01	2000	4
5401	中村俊助	販売	2004-04-01	1300	4
7411	中田英利	営業	2004-04-01	1600	3
7212	大黒正志	設計	1997-04-01	1500	2
0334	柳沢厚志	企画	1998-04-01	1800	2
6109	玉田啓志	設計	2001-04-01	1400	3
1106	三浦篤弘	営業	2002-04-01	1100	2

図 6.37 SYAIN 表のデータ一覧

KINMU

KINMU_NO	NAME
1	新宿
2	横浜
3	川崎
4	宇都宮

図 6.38 図 KINMU 表のデータ一覧

SYAIN 表の列定義

項番	列名	項目名	データ型	サイズ
1	SYAIN_NO	従業員番号	TEXT	10
2	NAME	名前	TEXT	50
3	BUSYO	部署	TEXT	50
4	NYUSYADATE	入社年月日	DATE	-
5	KYUYO	給与	LONG	-
6	KINMU_NO	勤務地番号	LONG	-

図 6.39　SYAIN 表の項目属性
※「SYAIN_NO」は，主キーである.
※ LONG 型は，−2，147，483，648 ～ 2，147，483，647 の範囲の数値が設定可能.

6.5　ふるまいの設計

データベース設計では，どのようなデータをどうデータベース中に格納するのかについて決定した．これらのデータを活用し，システムが外部に提供する機能やサービスを，どのように実現するかというふるまいの設計も必要となる．本節ではこうしたふるまいの設計について説明する．

Web アプリケーションは基本的にはクライアントからの要求に対してサーバが応答するという形で処理が進められる．顧客はブラウザに表示された文書（画面）をみて指示を与え，それがクライアントからの要求となり，サーバ側では対応した処理が進められる．その結果に応じた応答が HTML での文書として返され，顧客はブラウザ上でその画面を見て結果を確認したり，次の要求を出したりする．このように Web アプリケーションのふるまいは，画面と強く関連づけられる．ここでは要求定義で作られた画面遷移と，6.2 節で決定した基本的な実現方法を踏まえ，ステートマシン図を用いて画面遷移を定義するとともに，それに関連付けてふるまいを定義する．さらに，ステートマシン図としてモデル化される構成要素同士の協調動作について検討する．

6.5.1　画面遷移とふるまいの設計

5.6.4 項では画面遷移を直感的な図で表現した．ここではステートマシン図を用いて，もう少し厳密に画面遷移をモデル化する．ステートマシン図の説明は 6.5.2 項で行うが，ステートマシン図を用いることで，画面（ステートマシン図では状態を用いて表現）から他の画面に遷移が行われるための条件を正確に記述することができる．図 6.40 は図 5.18 の画面遷移図をステートマシン図で記述した例である．

さらに，このステートマシン図にふるまいを対応付ける．6.2.2 項でシーケンス図を用いて，基本的な実現方法を定義したが，そこに現れる機能が画面遷移のどのタイミングで実行されるかを画面遷移のステートマシン図をさらに詳細化する形で定義する．ステートマシン図ではふるまいを状態や遷移と関連づけて記述することができるため，画面を状態によって表現することにより，ある画面に遷移したときに行われるふるまい，その画面から別の画面に移る際に行われるふるまい，ある画面において特定の出来事（操作など）が発生した際に行われるふるまいなどを定義することができる．図 6.41 や図 6.42 はふるまいを状態や遷移に関連付けて記述した例である．

6.5.2　ステートマシン図

システムのふるまいはシステムやその構成要素の状態によって変わりうる．商品を購入するという操作をしても，在庫があれば購入に進めるが，なければ進めない．あるいはカートを確認したあとであれば決済という処理が可能だが，確認していない状況では決済はできない．すなわち，操作を入力，ふるまいを出力とすると，出力は入力だけによって決定されず，入力と状態の組によって決定されるといえる．実際のシステムでは，こうしたふるまいが多くみられるためふるまいの設計においては状態への考慮が重要となる．

状態（state）とは，実行中ににとりうる条件や形態のことをいう．上記の在庫の例でいえば，在庫数が 1 以上という条件と，在庫数が 0 という条件を区別して，前者を「在庫有り」の状態，後者を「在庫無し」の状態と捉えることができる．ただし状態はあくまで人の捉え方であるから，どういう条件をどういう状態とするかはさまざまである．在庫数が 10 以上を「在庫有り」，9 以

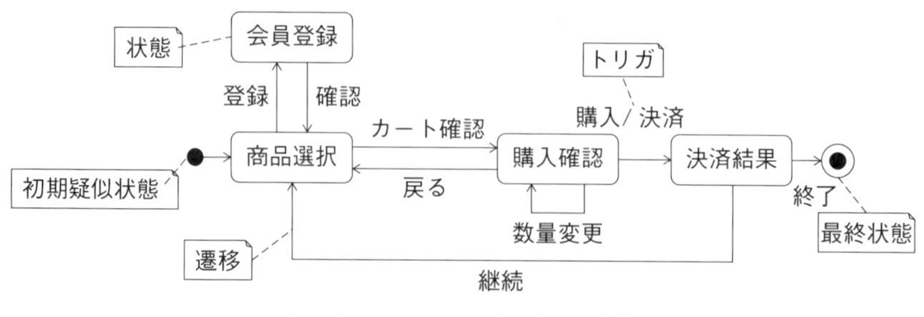

図 6.40　ステートマシン図の記述例

下 1 以上を「在庫希少」，0 を「在庫無し」という 3 つの状態で捉えることも可能である．システムの目的に照らして適切な状態の捉え方をすることが必要である．

UML の**ステートマシン図**（state machine diagram）は，対象が状態に応じたふるまいをするもの（状態機械）としてモデリングを行う際に使われる図法であり，ソフトウェアの分析や設計において広く用いられている（図 6.40）．以下は基本的なモデル要素とその意味である．

- **状態**：システムがとりうる状態を示す．状態には状態名を示す．図 6.40 のように状態名を角丸四角の内部に記述してもよいし，図 6.41 のように，内部を線で区画に仕切って記述してもよい．
- **遷移**（transition）：ある状態から他の状態に状態の遷移が起こりうることを示す．矢印の元が遷移元の状態，矢印の先が遷移先の状態を示す．
- **トリガ**（trigger）：遷移に対して記述され，その遷移を起こすきっかけとなる出来事を示す．
- **初期疑似状態**（initial pseudostate）：実行が開始するポイントを示す．インスタンスが生成されると初期疑似状態を遷移元とする遷移が起こり，遷移先の状態となる．
- **最終状態**（final state）：ふるまいの終了を示す．

対象システムは有限個の状態を持ち，実行中必ずいずれか 1 つの状態にあるものとしてモデル化する．ひとまとまりのステートマシン図（強連結した 1

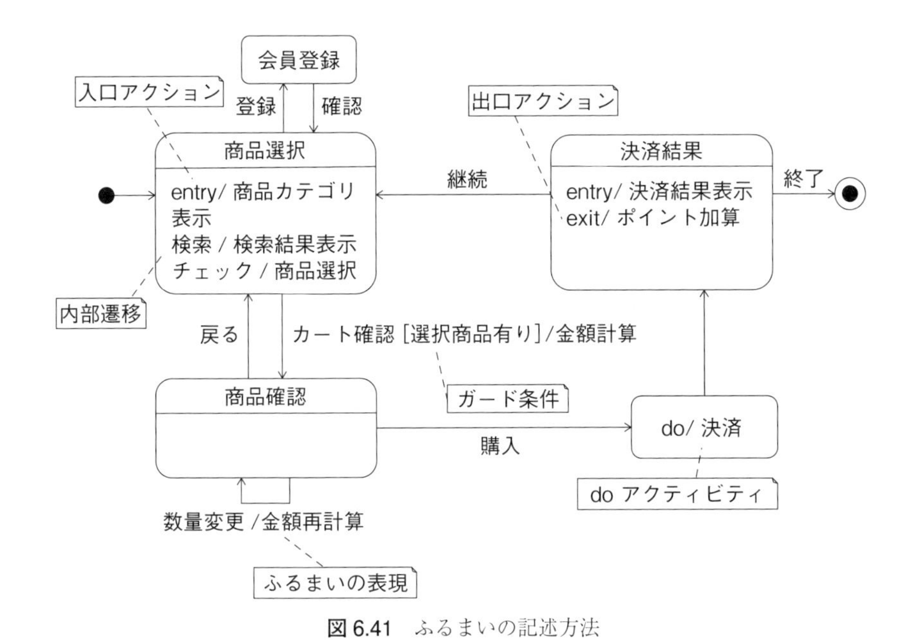

図 6.41 ふるまいの記述方法

つのグラフ）は1つの領域に属しているといわれ，1つの領域においては同時に2つ以上の状態であったり，いずれの状態にもなかったりということはあり得ない．

ステートマシン図では，こうした状態と遷移に関するモデルにふるまいを対応付ける．図6.41はふるまいの記述方法である．以下は基本的なモデル要素とその意味である．

- **ふるまいの表現**（behavior expression）：遷移が起こるときに行われるふるまいを示す．遷移のトリガのあとにスラッシュ（/）をつけ，そのあとにふるまいを記述する．
- **入口アクション**（entry action）：この状態を遷移先とする遷移が起こるときに行われるふるまいを示す．キーワード entry のあとにスラッシュをつけ，そのあとにふるまいを記述する．
- **出口アクション**（exit action）：この状態を遷移元とする遷移が起こると

きに行われるふるまいを示す．キーワード exit のあとにスラッシュをつけ，そのあとにふるまいを記述する．

・**内部遷移**（internal transition）：その状態にあるときに特定のトリガが発生すると行われるふるまいを示す．その状態からその状態への遷移であり状態は変わらない．トリガ名のあとにスラッシュをつけ，そのあとにふるまいを記述する．

・**do アクティビティ**（do activity）：その状態にある間実行されつづける，あるいはそのふるまいが完了するまで実行されつづけるアクションを示す．キーワード do のあとにスラッシュをつけ，そのあとにふるまいを記述する．do アクティビティを持つ状態を遷移元とする遷移があり，そこにトリガが示されていない場合には，そのふるまいが終了するとその遷移が起こる．

・**ガード条件**（guard condition）：遷移が起こる条件を示す．トリガが発生したときに，ガード条件が成立する場合に遷移が起こり，ガード条件が成立しなければ遷移は起こらない．

遷移が起こると，まず遷移元の出口アクションが実行され，次に遷移に示されるふるまい表現が実行され，最後に遷移先の入口アクションが実行される．また図の do アクティビティは，状態を遷移元とする遷移にトリガが記述されていないので，決済というふるまいが終了するとこの状態を抜け，決済結果確認に遷移することになる．

状態を階層的に定義することも可能である．状態の内部に**領域**（region）を持つ状態を**複合状態**（composite state）状態という．図 6.42 は 1 つの領域を持つ複合状態の例である．

ここでは状態「商品確認」は複合状態であり，内部の領域に状態や遷移が定義されている．システムが「商品確認」という複合状態にある場合，「支払金額表示」などの内部の 4 つの状態のいずれかの状態の 1 つをとると考える．「商品選択」状態からの遷移が「商品確認」を遷移先としているが，この遷移が起こると，複合状態中の初期疑似状態からの遷移が起き，その遷移先の状態（ここでは「支払金額表示」）になる．一方，「商品選択」を遷移元とした遷移が「商品選択」へと定義されているが，この場合，トリガ「戻る」が発生すると，「商品確認」中のどの状態にあっても，「商品選択」へと遷移する．なお「最終確認画面表示」から「支払」への遷移のように，複合状態中の状態と外部の状態との間に遷移を定義することも可能である．なお，複合状態は何階層も入れ子にすることができる．

1つの複合状態が複数の領域を持つこともできる．図6.43は複数の領域を持つ複合状態の例である．

ここでは破線で仕切られた2つの領域があり，それぞれに状態や遷移が定義されている．この場合，複合状態「購入後処理」は，例えば「請求書準備」

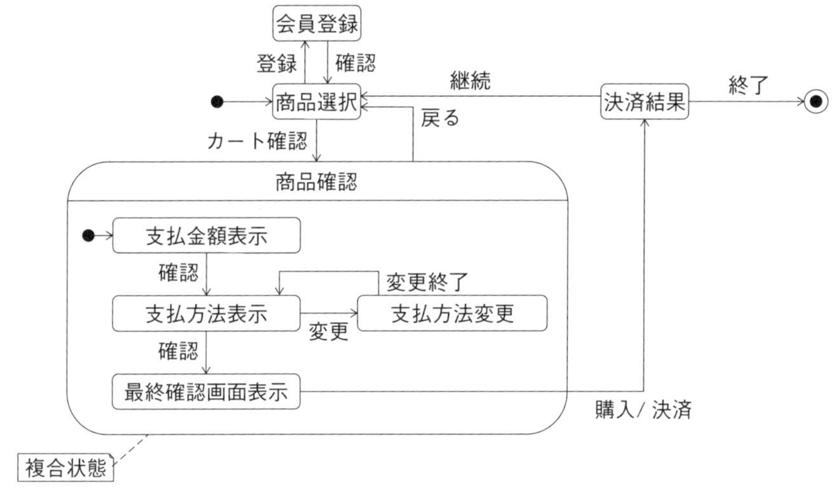

図 6.42　複合状態（領域が1つ）の例

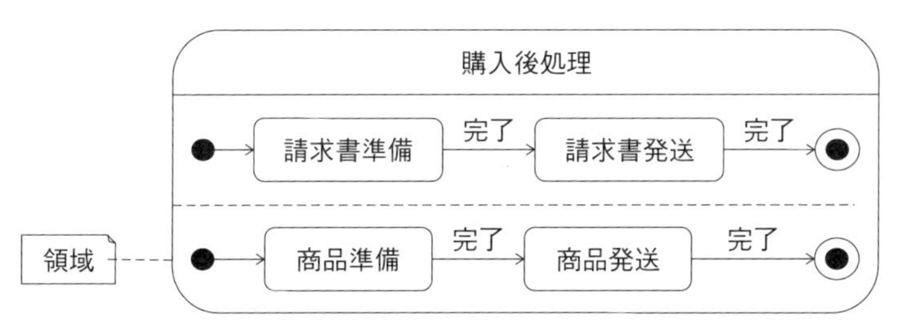

図 6.43　複合状態（領域が複数）の例

かつ「商品準備」の状態，「請求書発送」かつ「商品準備」の状態というように，各領域中の状態の組として捉えられる．

6.5.3　画面設計

画面遷移やそれに対応付けたふるまいと対応するように，画面の設計を行う．要求定義において画面レイアウトなどについての要求を整理したが，それに基づき，さらに設計において検討した詳細なふるまいなどとの整合性を考えながらどのような画面にするかを決定する．ユーザの操作がステートマシン図のトリガとなっている場合には，それが画面上でのどのような操作に対応するのか，あるいは画面に情報を表示する際にはどういうメディア（テキスト，画像，動画など）でどう表示するのかなどを決める．

Web 画面上でのユーザ操作にはさまざまな方法があるが，画面を構成する基本的な構成要素（部品）があるので，画面レイアウトのどの部分をどの構成要素によって実現するかを決める．以下は，基本的な画面の構成要素の例である．

・１行テキスト入力フィールド：文字情報を一行入力する
・テキストボックス：文字情報を複数行で入力する
・チェックボックス：必要なものにチェックをする
・ラジオボタン：複数の選択肢から１つを選ぶ
・コマンドボタン：操作を指示する
・リストボックス：リストに示す複数の項目から選ぶ
・ドロップダウン・リストボックス：クリックすると現れるリストから項目を選ぶ
・テーブル：表形式での情報表示
・リンク・アンカー：他のページへジャンプする部分
・その他：画像・動画など

例えば図 5.19 で定義した画面レイアウトに対して，こうした構成要素を対応付けた画面設計の例が図 6.44 である．

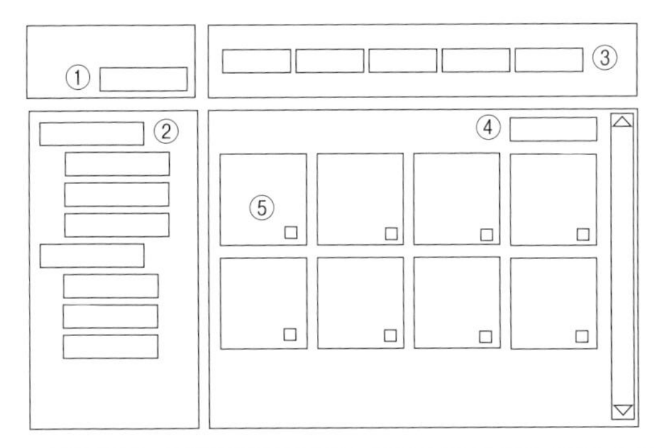

	名称	部品	ステートマシン図との対応
①	会員登録	ボタン	トリガ「登録」
②	カテゴリ検索	ボタン	トリガ「検索」
③	ブランド検索	ボタン	トリガ「検索」
④	カート確認	ボタン	トリガ「カート確認」
⑤	商品チェック	チェックボックス	トリガ「チェック」

図 6.44　画面設計の例

6.5.4　協調動作

ふるまいのモデリングの方法として，インタラクションを例示するシーケンス図と，状態に応じたふるまいを定義するステートマシン図を紹介した．本項ではこれらを使った協調動作の設計について，基本的な考え方を説明する．

前述したように，システムは複数の構成要素から構成され，システムのふるまいはそれらの構成要素のふるまいの協調によって実現される．構成要素間の協調とは，構成要素間のメッセージの交換として捉えることができ，そのやりとりの具体例はシーケンス図で記述することができる．一方，各構成要素の状態に応じたふるまいはステートマシン図でモデル化することができる．メッセージを受信したという出来事をトリガとすると，そのトリガに応じたふるまいを行うことになる．

図 6.45 は利用者としての「ユーザ」，ユーザが利用する「クライアント」，さらにネットワークを通してつながれた「サーバ」と，その間のメッセージの

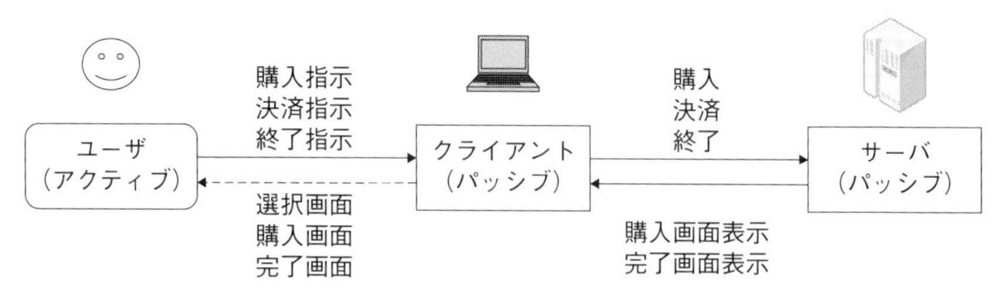

図 6.45　協調動作の例

やりとりの一部を示した図である．

「ユーザ」と「クライアント」のやりとりはユーザインタフェースを通じたシステムへの指示や画面の表示であり，「クライアント」と「サーバ」のやりとりはネットワーク上でのコマンドやデータの送受信であるが，モデル上はいずれもメッセージとして表現されている．

アクティブとは自律的にふるまうもので，外部からのトリガがなくても他にメッセージを送りうるものである．一方パッシブとは受動的にふるまうもので，外部からのメッセージを待ち，メッセージの受信がトリガとなって一連のふるまいを行うものである．ここでは人（ユーザ）は自分の判断で行動をするのでアクティブ，情報処理システム（クライアントやサーバ）は要求を待っていて，要求があればそれに応じた反応を返すためパッシブとしている．「クライアント」から「ユーザ」への矢印が破線なのは，「ユーザ」はあくまで提示される画面の情報をみて人としての判断をするのであって，状態機械的な反応をするわけではないからである．一方，「クライアント」は状態機械的なふるまいをすると捉えられるので，「ユーザ」からの指示は「クライアント」にとってはトリガとなるため，その矢印は実線としている．

図 6.46 は「クライアント」と「サーバ」のふるまいをステートマシン図で示したものである．6.2.2 項で説明したフレームによって 2 つのステートマシン図を区別している．なお左上の std はステートマシン図であることを示すキーワードである．ふるまい表現では，他へのメッセージの送信を「send <メッセージ>」という形で示している．「クライアント」は「ユーザ」や「サーバ」から，「サーバ」は「クライアント」から送られたメッセージを受信

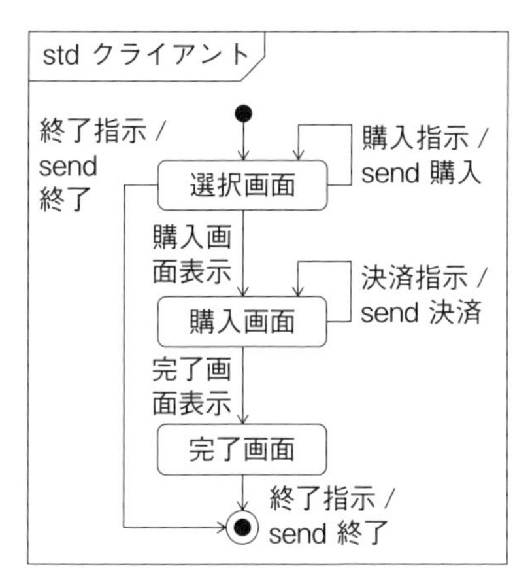

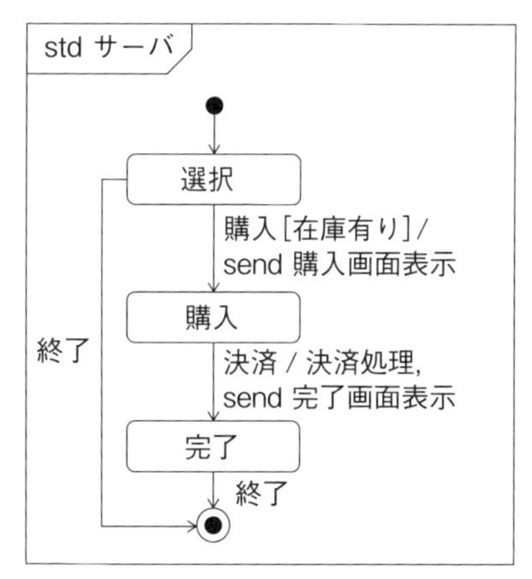

図 6.46 クライアントとサーバのステートマシン図

するというイベントをトリガとし，そのときの状態に応じたふるまいや遷移を行う．

図 6.47 は，上記の「ユーザ」,「クライアント」,「サーバ」のインタラクションの具体例をシーケンス図で示したものに，ステートマシン図の状態を対応付けたものである．なお状態の対応付けは説明のために付記したものであり，この部分は UML の記法ではない．

シーケンス図の最初の時点で「クライアント」は「選択画面」状態,「サーバ」は「選択」状態，かつ在庫がある状況だとする．ここで「ユーザ」が「購入指示」というメッセージを送ると,「クライアント」はその受信がトリガとなり「購入」メッセージを送る．「サーバ」はその受信がトリガとなり「購入画面表示」というメッセージを送ったあとに「購入」状態となり，次のトリガを待つ．一方「クライアント」は「購入画面指示」の受信がトリガとなり「購入画面」状態となり，次のトリガを待つ．このようにステートマシン図で定義されたふるまいを持つ構成要素同士協調しながら全体としてのふるまいを実現する．

ここで「ユーザ」は現実世界の利用者であり，ネットショッピングであれば，ブラウザをユーザインタフェースとしてショッピングサイトという情報処理システムを使いながら消費者としての購買行動を行う．ユーザが中高生なの

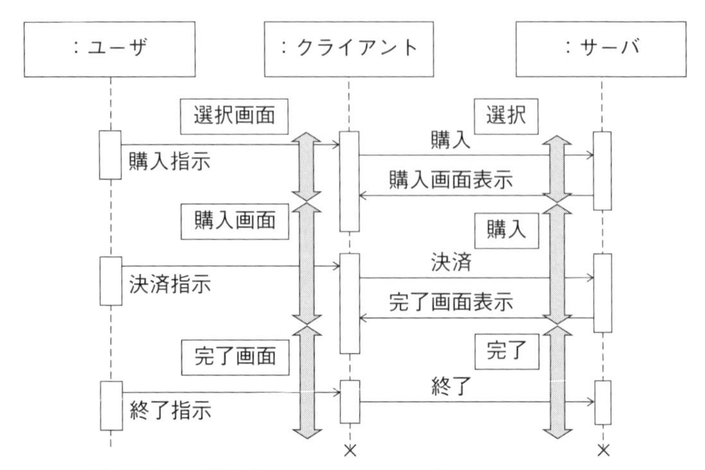

図 6.47　シーケンス図と状態の対応

か，大学生なのか，あるいは高齢者なのかによって購買行動は異なるし，その中での情報処理システムの使われ方も異なる．要求定義においてステークホルダを識別し，ビジネスフローやユースケースなどを定義する際には当然そうした点を考慮しながら作業を進めるが，設計においてさらに詳細なインタラクションを決める際にも，そうしたことへの十分な考慮や設計への反映が必要である．

6.5.5　演習 11：ステートマシン図と画面設計

ここまでの検討を踏まえて，画面遷移図をステートマシン図で記述し，さらに必要なふるまいをそれに記載する．またそれと対応付けて画面設計を行いなさい．

(1)　仕様書の再検討

演習 4 での画面遷移図と画面レイアウトを踏まえ，利用シーンや詳細な使い方を検討する．もし必要があれば，画面遷移図や画面レイアウトを変更する．

(2) ステートマシン図の作成

(1) を踏まえ，画面遷移と必要なふるまいを，ステートマシン図として作成する．

(3) 画面設計

(1) を踏まえ，ステートマシン図と整合するように画面設計を行う．なお，(2) および (3) の作業は，同時に行きつ戻りつをしながら進める．

6.6　ユーザビリティ

ユーザビリティは，ユーザの満足度を上げることやユーザの目的を達成させるための設計指針を指すもので，よいユーザビリティは，ソフトウェアやWebサイトが持つさまざまな機能の操作が簡単にでき，戸惑いやストレスを感じさせないように考えられている．**ユーザビリティ（usability）**は，useとabilityという言葉が組み合わさっており「使うことができる」，「使いやすさ」などの意味を持つ．

Webサイトの良し悪しを評価する視点に，画面に表示されているボタンや画像，使われている文や用語，文字の修飾表現などにおける，「分かりやすさ」，「大きさ」，「配置」などがある．また，画面操作では「学習しやすさ」，「覚えやすさ」，「ページ間移動の効率よさ」，「ページ読込み時間の速さ」，「ユーザが目的を完了するまでに費やす労力や時間」などの視点がある．

6.6.1　Webサイトのユーザビリティ評価視点

ユーザにとって魅力あるWebサイトはどのようなものか．それは，「知りたいものがある」，「楽しいものがある」，「見たいものがある」，「親しみやすい」，「使いやすい」などのユーザの要求を満たすものであり，そういったWebサイトの設計をしなければならない．特に重要な要件として，画面に提示する情報の交換性や有益性，画面の構造性，操作の学習性などの視点からWebサイトにおけるユーザビリティの評価の観点を概観する．

⑴ 全体概略

全体的な評価視点として，以下のような視点で総合的な評価を行う.

・使用している用語や画像，アイコン，コマンドなどがユーザにとって正しく理解できるものか.
・文語による指示や説明，そこで使用している用語やアイコンが正しく適切に表示されているか.
・全体的に直感的操作が可能で，理解性の高い構成であるか.
・情報の入力箇所や内容，形式が容易に分かるか.

⑵ 情報の交換性

さまざまな情報を適切に伝える情報の交換性では，以下のような視点がある.

・ユーザに対して適切なタイミングと方法で情報を提供し，ユーザが満足でき，使うことが楽しくなるような操作か.
・それらの操作は静止画や動画，音声などで適切に反応が得られ，操作に気を取られずに情報自体に集中でき，ユーザが繰り返し使いたいと感じられるような楽しさを提供できているか.
・ユーザが親しみを抱き積極的に操作したくなるアイコンか.
・無駄なスペースや無用な情報がないように設計されているか.
・ユーザや関係者に対する情報やサービスが，ユーザにとって付加価値を創造する有益なものになっているか.
・製品やサービスなどの情報を理解しやすく伝えるための写真やバナー画像，タイトルなどを用いた最適配慮を施したデザインになっているか.

⑶ 画面の構造性

Web サイトを構成する画面の構造では，以下のような視点がある.

・サイトマップやインデックス，ナビゲータなどが常時表示され，求められる情報の優先順位を考慮した配置や強調ができているか.

・表示されている情報量と有用性のバランスが適切で，情報を得る操作における暗黙知が形成されるか．
・操作に一貫性があり，速くまた容易に目的の情報に到達することができるか．
・可読性を高めるような画面構造，部品配置で設計されているか．

(4) 操作の学習性

操作に対する支援機能や学習性では，以下の視点も重要である．

・ヘルプやマニュアルなどを参照しなくても使いながら簡単に操作が学習できるか．
・どのような機能があるかを容易に理解できるか．
・各機能が最適な場所に設定されているか．
・操作に対し次の段階や処理などを促すことができているか．

ISO 9241-11/JIS Z 8521 のユーザビリティの定義 ある製品が，指定されたユーザによって，指定された利用の状況下で，指定された目的を達成するために用いられる際の，有効さ，効率，満足度の度合い．	
◆有効さ effectiveness	ユーザが指定された目標を達成する上での正確さや完全性を意味し，それが目的に合っているか，正しい結果が得られたかを示す．例：録画したいテレビ番組を予約登録してディスクレコーダに録画することができた．
◆効率 efficiency	ユーザが目標を達成する際に正確さと完全性のために費やした資源の度合いを示す．例：所要時間や消費金額，PC のメモリやディスク容量の度合い．
◆満足度 satisfaction	製品を使用する際の不快感のなさや肯定的な態度の度合いを示す．例：快適な操作，思い通りの働き，嬉しい，楽しいなどの度合い．
◆利用状況 context of use	ユーザ，仕事，装置（ハードウェア，ソフトウェアおよび資材），ならびに製品が使用される物理的および社会的環境の状態を示す．例：利用する物や時間帯，場所，ユーザや利用シーンなどがどうか．

図 6.48 ISO によるユーザビリティ定義

・ユーザが「今，何を処理しているのか」，「どの位置や段階にいるか」が分かるようになっているか．
・一度使うと高い生産性が上げられるようになっているか．
・エラー発生時には簡単に回復でき，誤動作防止やスムーズな操作感を提供し，再び同じミスを誘うようになっていないか．

ユーザビリティは，国際標準 ISO9241-11 においてガイドラインが定義されている（図 6.48）．これはユーザの行動と満足度による，ユーザビリティの規定や評価について定義された国際規格であり，一般にソフトウェアの使用感を指す場合が多いが，広くハードウェアまで含めた工業製品全般に対して使う場合もある．

6.6.2　ICT におけるアクセシビリティとユニバーサルデザイン

アクセシビリティとは，一般的に，あらゆるユーザが利用しやすいような設計概念を指し，年少者，高齢者，障がい者，外国人を含めたユーザが建物内外での行動に左右されずに製品やサービスを支障なく利用できる設計概念である．

アクセシビリティ（accessibility）は，access と ability という言葉の作りから分かるように「近づくことができる」，「近づきやすさ」，「接続しやすさ」，「利用しやすさ」，「親しみやすさ」，「受け入れられやすさ」などの意味を持つ英単語であり，情報やサービス，ソフトウェアがどのように利用可能なのかを示している．アクセシビリティが意味する「利用しやすさ」は，便利に利用できるように工夫した使い勝手の良さを指すものではない．多様な人々にとって無理なく利用できるように工夫した「利用のしやすさ」を指すものである．

ICT 業界においてアクセシビリティは，Web サイトに限らず，ICT によるシステムの UI を設計する上で，「使える情報システム」を開発するために欠くことのできない重要な設計要素である．ICT の「使いやすさ」や「利用しやすさ」を意味し，ユーザビリティに近い設計要素としてさまざまな情報端末やソフトウェアの円滑な利用を目指すものである．

主な評価視点として，以下の点を考慮することになる．

・文字や素材などが適切で操作しやすい大きさで表現されているか.
・簡単で単純な操作によって操作の視線や動線が急激に変化しないか.
・各要素の配色，濃さ，大きさなどで目の疲労に配慮できているか.
・無理のない姿勢で操作できるか.
・マウスやキーボードでの操作を基本とした上で，さらに，ユニバーサルデザインの配慮が施されているか.

マウスが使えない場合には他の方法で利用できるように設計する．また，画面に表示する文字フォントを工夫して分かりやすくしたり，画面に表示されている文字を読み上げるソフトを活用したりする．つまり，ユーザの状況に応じて「利用しやすさ」への対策を講じることも必要である.

上述した通り，アクセシビリティの評価視点の1つに，ユニバーサルデザインへの配慮が挙げられている．ユニバーサルデザインは，世の中に出回る製品や建物を創造する場合に，子ども，高齢者，障がい者，妊婦，外国人，初心者などを含むあらゆる人が利用できるように可能な限りの配慮を加えた設計を行うことである.

サステナブルな社会が到来する現代では，多様な人々が，公平に利益を享受することが重要であるとされている．国連で採択されたSDGs（持続可能な開発目標）においても，格差や不平等の解決が求められ，サステナブルな社会づくりに向けて，年齢，性別，障がいの有無，人種等にかかわらず，多様な人々にとって使いやすい製品，サービスや環境をデザインするという考え方は，ICTにおけるアクセシビリティとユニバーサルデザインにとってますます重要な設計要素である.

特に，Webサイトでの「利用しやすさ」をWebアクセシビリティと称し，Webサイトのユーザビリティと一緒に設計される場合が多く，その設計を施して実現されたWebサイトはWebユニバーサルデザインともいわれている.

Webアクセシビリティについては，W3CからWCAG（Web Content Accessibility Guidelines）が指針として提唱され，その中に，画像や音声にはテキストによる注釈をつけることや，すべての構成要素をキーボードで指定できるようにすること，情報内容と構造および表現を分離できるようにすることなどの方針が定められている．

6.6.3 ユーザエクスペリエンス

近年，Web サイト構築の設計で，ユーザエクスペリエンスが重要な用語になっている．これは一般的に，ICT による製品やサービスを使用することで得られるユーザ体験を表す用語である．ユーザビリティ，アクセシビリティ，ユニバーサルデザインなどによる設計概念に加え，ユーザ本人の行動を誘導しユーザ自らの身体で実際に体験することで新たな価値を生み出すことを目指した概念である．用語の発音から UX と表現される場合が多いが，正しくは，user experience である．これは国際標準 ISO9241-210 で，「製品やシステムやサービスを利用した時，および/またはその利用を予測したときに生じる人々の知覚や反応」と定義されている．近年では，Web サイトの設計において，**HCU（Human Centered Design）**と呼ばれる人間中心設計が行われ，文字通りユーザが利用しやすいように，常にユーザ中心に ICT システムや Web サイトの設計が行われる考え方が重要になった．

UI は，ICT 機器の技術進化，デジタルコンテンツの高度化によってますます発展を遂げ，タブレット端末などでは，タッチパネルを標準の UI とするマルチタッチスクリーン操作が普及した．マルチタッチスクリーン操作では，2 本の指を使って画面表示されている操作対象をつまむように画面をタッチして縮小，拡大させるピンチイン・ピンチアウト操作，指で画面の指示箇所を軽く叩くタップ操作，画面を左右に画面移動させる操作として画面を指で軽くはらうフリック操作，ドキュメント内の写真の配置を移動するときに写真画像を押さえて指をずらすドラッグ操作など，従来ではマウスやキーボードで行っていた操作が指でできるようになっている．このような新しい操作によって，ICT 機器やデジタルコンテンツの使い勝手が数段も向上し，ユーザエクスペリエンス（UX）としての様相が高まるきっかけになった．

さらに高い利便性を備える UI/UX 技術として，非接触 UI/UX の技術開発が進められている．これは，タッチパネル操作に比べ画面に触れることがないため，汚れず衛生的で，感染症防止対策として有効である．また，タッチ操作による破損もなく故障発生を低減させて経済的な運用が行える．赤外線センサーで暗闇でも操作が可能であったり，工事現場の油まみれな現場や病院の手術室現場などでは，手袋を外さずに操作が可能になったりする．マウス，キーボードに代わる新時代のUI/UXといえよう．

また，非接触UI/UXの技術領域では，音声によるUI/UX技術が既に市場投入されている．ユーザがICT機器に向かって話しかけると，ユーザの発言を理解し指示に応じて動作する機能である．クラウドによるインターネットシステムと連携させて情報の検索やEコマースなどの機能を実現するAIスピーカーとして商品化され，Apple社やGoogle社，Amazon社などがこぞって市場投している．これらの企業は，ソフトウェアだけでなくさまざまなハードウェアへの対応も併せて進めており，音声で操作できる家電への応用に期待が高まっている．

6.6.4　対話設計における8つの黄金律

ユーザインタフェース（UI）の設計の重要性は，使いやすく，利用しやすいシステムを構築するためには，今も昔も変わらない．UIの出来具合によってシステムの良し悪しが決まるといっても過言ではない．UIは，ユーザビリティとアクセシビリティをベースにユニバーサルデザインの配慮やUIの機能を付け加えるなど，システム開発の重要な設計要素である．開発されたシステムは，多くはユーザつまり人間が使う．中でも，画面を使う機会が多く，その画面設計の出来具合によって魅力あるシステムかどうかを人間が評価する．したがって，実際に使うユーザ，つまり人間を中心とした画面設計が重要で，どのようなデザインにすれば使いやすくなるのか，どのような点に注意したらよいのかを十分に検討しなければならない．画面設計の検討要素を以下に挙げる．

- 画面の目的を明確にする．
  この画面でどうしたいのか，何がしたいのか，何を表現したいのか，訴えるものは何かなどである．
- 画面のテーマを明確にする．
  システム全体として一貫した個性を明確にする．用語，文字フォント，色などを一貫した理念で展開する．

・実際に利用するユーザを明確にする．
画面を使用するユーザをカテゴライズしたり，伝えたい情報の焦点を明確にしたりする．
・ユーザの種別を明確にする．
利用レベル（初心者，中級者，上級者）や年齢，性別，職業（学生，社会人）など幅広い利用者を想定してユニバーサルデザイン的な要素を加えた設計にしたりする．

ユーザが求める機能が正しく実装されたシステムであっても，UI が劣悪であれば，ユーザにとってよいシステムとはいえない．また，表面的な見栄えの良さだけでごまかすのではなく，経験的に得られた一般的な原則に基づいてユーザがシステムと対話する作業を分析して UI の設計を行わなければならない．

このような，UI のさまざまなインタラクションを設計するプロセスの重要な考え方に，アメリカのコンピュータサイエンティストの Ben Shneiderman が示した UI デザインの 8 つの黄金律がある．有名な著書『ユーザインタフェースの設計 やさしい対話型システムへの指針（原題：Designing the User Interface: Strategies for Effective Human-Computer Interaction)』において，UI デザインにおける 8 つの黄金律が明らかにされている．この 8 つの黄金律に従うことで，Microsoft 社，Apple 社，Google 社のソフトウェア製品のように，ストレスのない UI を備えた画面設計が可能になる．Ben Shneiderman が示した対話設計における **8 つの黄金律**は，多くの対話型システムに適用できる基本原則であり，今後，新たなインタラクション技術が出現しても，コンピュータと人との関係をストレスなく円滑にインタフェースする基本となるだろう．

Ben Shneiderman の対話設計における 8 つの黄金律を以下に示す（図 6.49）．

(1) 一貫性の保持

似たような操作状況では，一連の手順や操作には慣れ親しんだアイコン，メニューリスト，操作フローなどを用いて一貫性を保つことである．Windows

(1)	一貫性の保持	似たような操作状況では一連の手順や操作に一貫性が求められる
(2)	ショートカットの用意	頻繁に使うユーザには近道を用意する
(3)	フィードバックの提供	どのような操作でも，常に何らかのフィードバックをユーザに知らせる
(4)	段階的達成感を与える対話の実現	操作の流れにも起承転結がある
(5)	簡単なエラー処理	エラーが発生した場合，ユーザが素早く簡単に問題解決できるようにする
(6)	逆操作の許可	操作はできる限り可逆にするべきである
(7)	主体的な制御権の提供	デジタル空間で発生する出来事はすべてユーザが完全にコントロールする主導権を与える
(8)	短期記憶の負荷軽減	人間の短期記憶領域すなわち記憶力には限度がある

図 6.49　対話設計における 8 つの黄金律

や mac OS のメニューバーは，アプリケーションの種類にかかわらずファイルに関するメニューはいずれも左端に位置し，その中で新規作成が最上部に位置している（図 6.50）．また，ヘルプはメニューバーの右端に位置している．

このように，情報伝達の方法などは OS が違っても標準化することで，同じ操作に対しては新しく学ぶ手間がなくなり，ユーザは既知の知識で気軽にクリックできるようになる．ユーザがソフトウェアの操作環境に慣れて，数々の目標をより簡単に達成できるようにするためには，一貫性は重要な役割を果たす．

また，Windows や mac OS で表示されるダイアログボックスの「OK」「キャンセル」などのボタンは，多くの場合，ダイアログボックスの右下に表示されている．このように，OS の違いがあっても，一貫した同様の操作が行えるように設計することが重要である．逆に，操作に一貫性がないシステムや，対話要素の配置が画面によって不揃いなシステムは，使いづらいシステムであることを理解しておかなければならない．

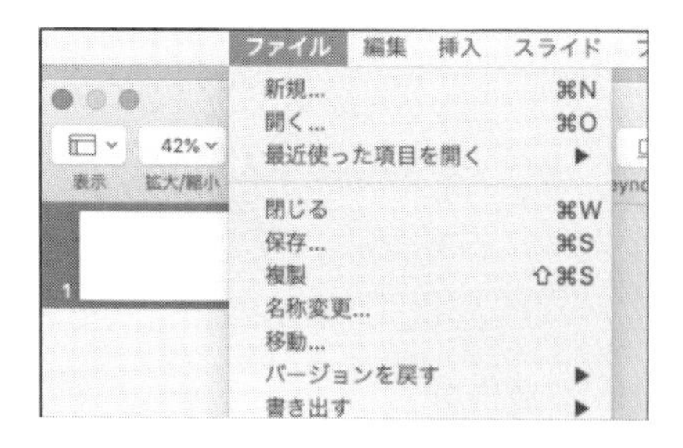

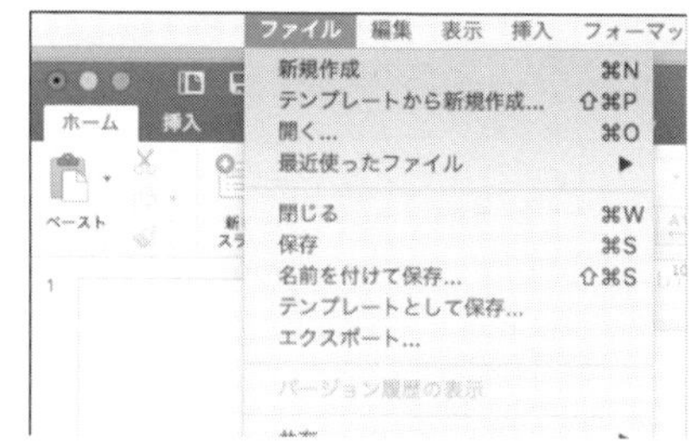

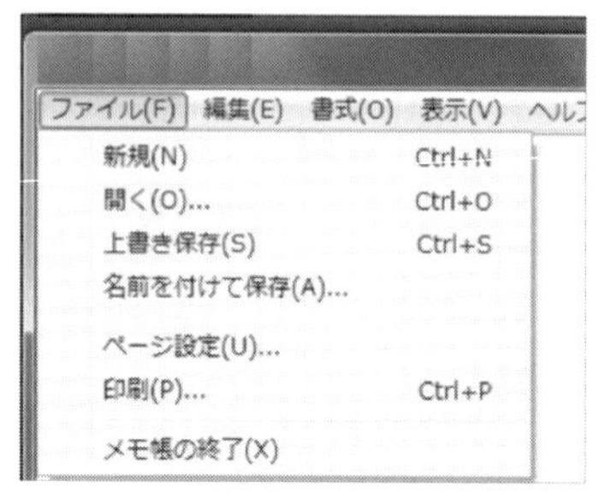

図 6.50　一貫性を持たせる

(2)　ショートカットの用意

使用頻度が高くなると，ユーザは，ヘビーユーザになる．ヘビーユーザは，ショートカットを使用できるようにして，対話の回数や入力の数が少ない操作を行い，より速く自身のタスクを完了させる操作方法を好む．ヘビーユーザには省略形や特殊キー，隠しコマンドなどがあると操作性が高いと評価される．

つまり，頻繁に使用するユーザには応答時間の短縮や表示速度の向上を通じて操作上の生産性向上が求められるようになる．

Windows も mac OS もコピー＆ペースト，カット＆ペーストのためのショートカットキーが用意され，さまざまなソフトウェアでおおむね同様の方法を踏襲して設計されている．

何回も同じような手順を行う必要があるシステムや，まわりくどい操作を繰り返すシステムなどは悪いシステムとして評価される．

Windows と mac OS で共通する代表的なショートカットを図 6.51 に示す．

[Ctrl]+N…新規作成
[Ctrl]+S…上書き保存
[Ctrl]+Z…元に戻す
[Ctrl]+C…コピー
[Ctrl]+V…貼り付け
[Ctrl]+O…開く
[Ctrl]+P…印刷
[Ctrl]+X…切り取り
[Ctrl]+A…すべて選択

図 6.51　代表的なショートカット

(3)　フィードバックの提供

システムは，どのような操作に対しても，常に何らかのフィードバックをユーザに与えるようにするべきある．操作した命令の進行状況が確認できるようなプログレスバーによる状況通知などは，操作に対する有益なフィードバック情報である（図 6.52）．

処理に時間がかかると予測される場合には，ユーザが要求する処理が実行されているということが分かるように，今どの地点にいるのか，何が起こっているのかなどを常にユーザが知っている必要がある．あらゆる行動に対して，分かりやすいフィードバックを短時間で示すことで，ユーザに安心感を与えることができる．その結果，ユーザの意識に精神的余裕が生まれ，予測可能な落ち

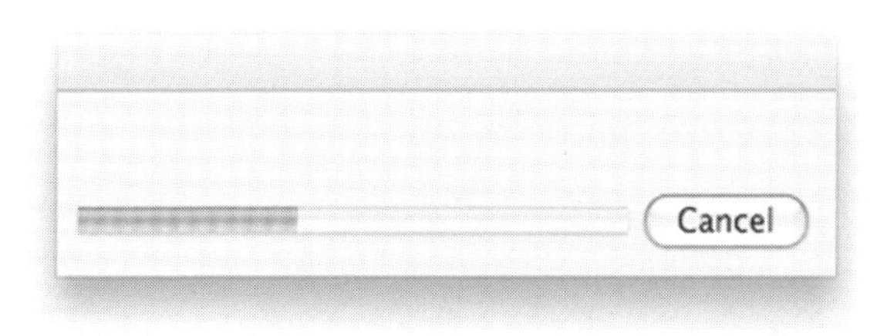

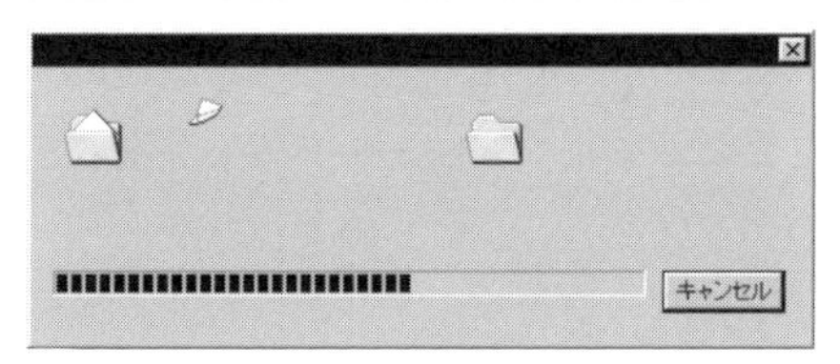

図 6.52　プログレスバー

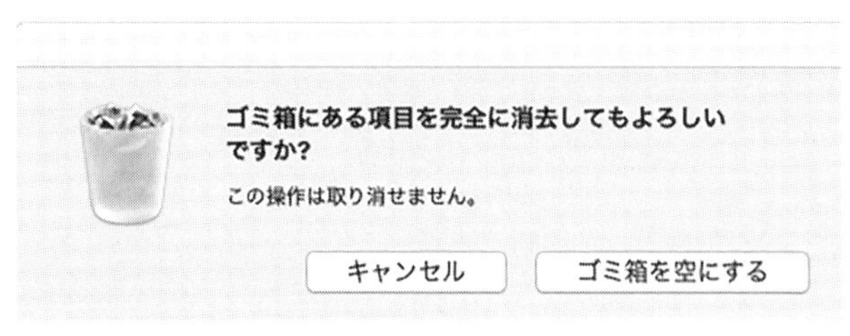

図 6.53　大事な操作の確認

着いた作業遂行が可能になる.

また，日常的に実行され作業の本質に影響の少ない操作へのフィードバックは簡潔にし，重要な処理を行う大事な操作へのフィードバックは，情報量を多くすべきである.

例えば，ファイル削除のような操作は大事な操作であるため，ユーザが正しく判断できるように情報量を多くする必要がある（図 6.53）.

設計者は，常に多くの人にとって分かりやすく，意味のあるフィードバックを提供するように設計しなければならない．処理の結果や進行の状態の確認が的確に把握できないシステムは悪いシステムとして評価される.

(4)　段階的達成感を与える対話の実現

操作の流れにも起承転結があることを理解して設計する．一連の操作を完遂したときにユーザに知らせるフィードバックは，1 つのことをやり遂げたという満足感や安心感を与え，不測の事態を起こす可能性を少なくすることができると同時に次の動作への準備を促すこともできる.

段階的な達成感を与える対話の実現は，前述の「有益なフィードバックを提供する」と同様のことがいえ，プログレスバーやウィザード，進捗メータ，操作履歴，作業残量の表示などの工夫を凝らすということである.

そしてユーザに余計な心配や推測をさせないように，ユーザが行った操作が何をもたらしたのかを正しく伝える．結果が出るまでじっと待たされるようなシステムは悪いシステムとして評価される.

(5) 簡単なエラー処理

ユーザが致命的なエラーを起こさないようにシステムを設計しなければならないことは当然のことでもあるが，不測にもエラーが起きてしまった場合には，システムがその原因を見つけ出してエラー処理の方法を単純に分かりやすくユーザに提供するように配慮する必要がある．ユーザができるだけ素早くかつ簡単に問題解決できるように，直感的で分かりやすい指示を段階的に与える工夫をする．間違ったコマンドを入力してもシステムの状態が変化しないようにすることや，元の状態に戻せるようにすることに加え，再入力，修正などの処置が施せるようにしておく必要がある．特に，大きな問題につながるエラーであれば，問題発生時の一次切分けの方法や二次障害発生の防止，障害情報の自動採取なども考慮する必要がある．エラー処理が複雑に発生し，リカバリ方法が分かりにくいシステムや，最初からやり直しをさせるようなシステムは，悪いシステムとして評価される．

(6) 逆操作の許可

操作はできる限り可逆にするべきである．操作のやり直しを許可することである．設計者は，ユーザに操作をやり直すための分かりやすい方法を提供するよう努める．単一操作のあと，一連のデータ入力のあと，一連の操作がすべて終わったあとでも，さまざまな時点でやり直しが許可されなければならない（図 6.54）．

エラーの取り消しができると知らせることで，ユーザは操作に対する不安を解消することができる．これにより，ユーザは馴染みのない操作の選択肢に

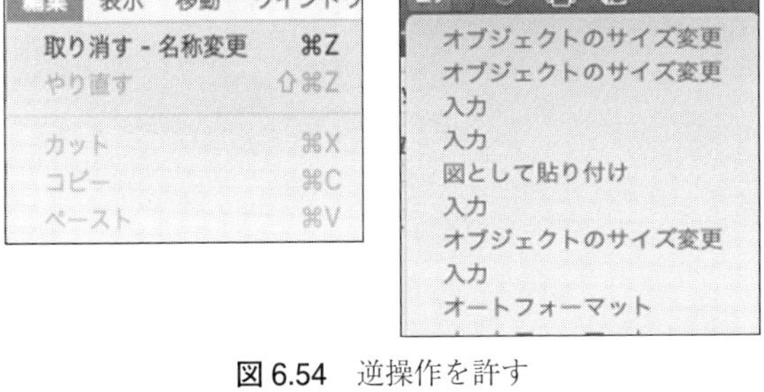

図 6.54　逆操作を許す

興味を向けやすくなり，新たな機能を知ることでユーザ作業の生産性向上への契機をつかむことができるとされている．

(7) 主体的な制御権の提供

経験豊富なヘビーユーザは，「自分がシステムを制御し，システムは単にその操作に反応して動作している」という支配感を望むものである．

そのようなヘビーユーザを驚かすような反応や，大量のデータ入出力が求められたり，要求する情報の入手が不可能であったり，期待した操作ができなかったりなどはすべて，ユーザを不安にして不機嫌にさせる原因である．

特にヘビーユーザには主体的な制御権を与え，ユーザを行動の支配者にしてシステム空間で発生するさまざまな出来事をユーザが完全にコントロールしているという感覚を与えることが重要である．一方，ビギナーユーザには，システムから操作を誘導するようなシステム主導型で処理を行うなど，ユーザ主導型やシステム主導型の切り替えが柔軟にできるシステムは，多様なユーザに対応しうる優れたシステムとして評価される．

(8) 短期記憶の負荷軽減

人間の短期記憶領域すなわち記憶力や注意力には限度がある．一般に短期記憶領域は保持期間が数十秒程度の記憶であるといわれており，保持時間だけではなく，一度に保持される情報の容量の大きさもおおむね 4 つ，5 つが限界だろう．したがって，システムを操作するインタフェースは，情報を適切に階層付けて可能な限り簡潔にしなければならない．多くの情報表示を行う場合は，

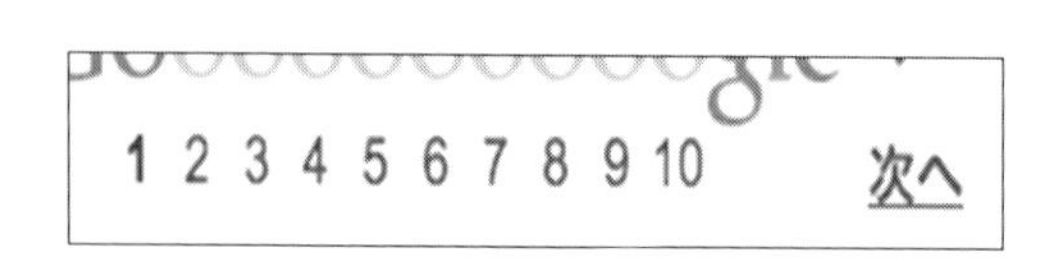

ページ送り

ページごとに表示する項目数: 20

図 6.55　短期記憶領域の負担を少なくする

特に簡潔にし，複数画面にもわたるような表示は統合やページ送りなどで一連の操作を邪魔せずに学習できる時間を十分に提供する必要がある（図 6.55）.

多くのことを覚えなければならないシステムは，よいシステムとは言えない.

7. 実　装

実際に動作するソフトウェアを構築することを**実装**（implementation）という．演習ではここまで行ってきた要求定義や設計を踏まえて，実際に Web システムを実装する．ごく基本的な機能を備えたサンプルプログラムをベースに，それをカスタマイズすることで実装を行う．なおサンプルプログラムの入手方法については付録を参照されたい．

7.1　サンプルプログラムの説明

7.1.1　概要

6.1.1 項で説明したように，Web アプリケーションは利用者の端末上で動作するブラウザをクライアントとして，インターネットに接続された企業側のサーバと接続されるクライアント・サーバ方式として実現される．

本演習では，クライアント側は通常のブラウザを利用し，一方サーバ側として，処理を実行するソフトウェアと，処理結果の HTML データをネットワークに出力するソフトウェアを用意する．具体的には，OpenJDK の JSP（Java-Server Pages）とオープンソースのデータベース H2 を利用する．

JSP を用いたシステムでは，プログラムスクリプトの実行環境をサーバ側で持ち，クライアントとなるブラウザはサーバで作られた HTML データの送受信を行うことでユーザとのインタラクションを行う．

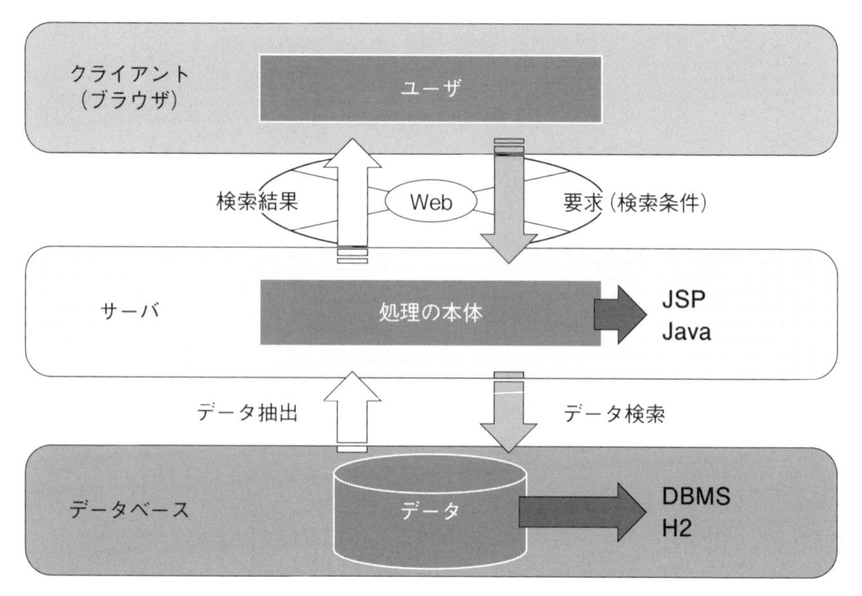

図 7.1　サンプルプログラムの基本構造

JSP では，プログラミング言語として Java と基本のタグライブラリ JSTL (JSP Standard Tag Library) を組み合わせて，画面や処理内容の記述，実行を行う．図 7.1 にサンプルプログラムの基本的な構造を示す．

さらに JSP では，処理の本体中に，SQL を用いたデータベースへのアクセス処理を記述することができ，スクリプト処理中にデータベースサーバにアクセスして，結果を HTML データとして出力することができる．

JSP として動作する JSP ファイルはテキストファイルであり，基本的にはテキストエディタで作成，編集し，「.jsp」という拡張子をつけて保存する．

同様の仕組みを持つシステムの実装手段として ASP, cgi, PHP などもある．

7.1.2　サンプルプログラムの動作

演習システムは，配布している jar ファイルをダブルクリックすることで起動する．ブラウザからの要求を受け付ける Web サーバとして Tomcat を用いている．起動すると特定のフォルダ（webapp）にあるファイルを処理対象として認識し，対応する URL へのアクセスに応じて，HTML ファイルもしくは

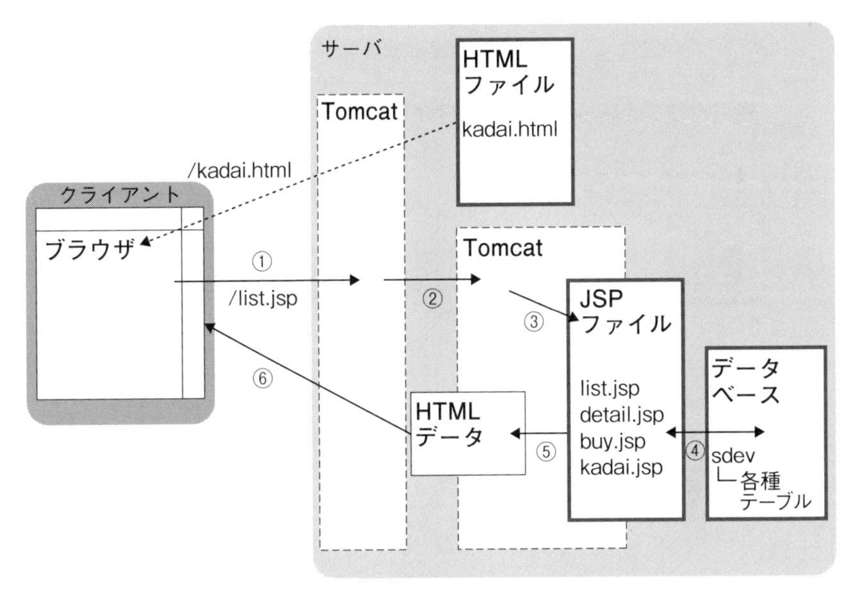

図 7.2　サンプルプログラムの動作

JSP ファイルの処理結果を HTML として送信する（図 7.2）.

①ブラウザから URL として，拡張子 .jsp のファイルが要求される.

② Tomcat は要求のあった JSP ファイルを探す.

③要求された JSP ファイル（処理）を Java に翻訳して実行する.

④ JSP ファイル内で，データベースアクセスを行っている場合は，SQL 操作でデータベースに連携する.

⑤ JSP ファイルの処理結果を HTML に変換・生成する.

⑥ Tomcat は通常の HTML ファイルを送信する場合と同様に JSP ファイルの処理結果を HTML データとして送信する.

7.1.3　サンプルプログラムの画面遷移

演習用のサンプルプログラムは，3 つの JSP ファイルとデータベースからなる．図 7.3 にサンプルの画面遷移を示す.

list.jsp が最初の製品の一覧を表示する JSP で，データベースから検索した情報を一覧表示する.

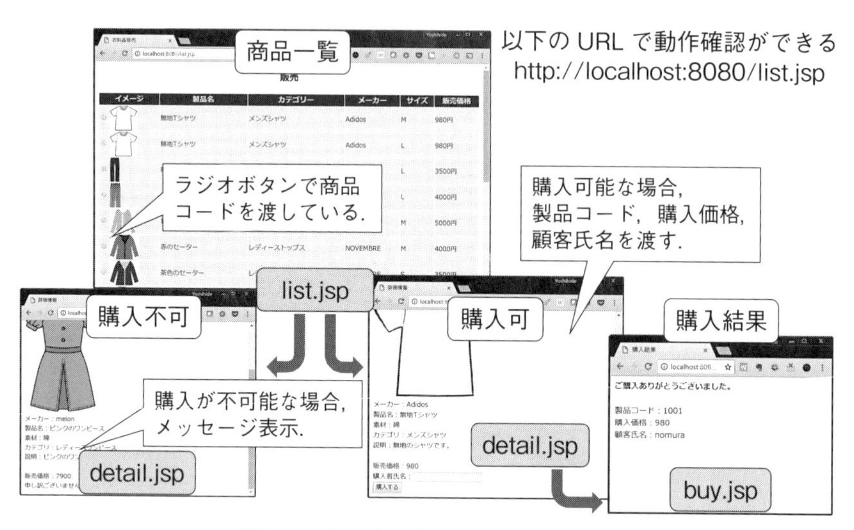

図 7.3　サンプルプログラムの画面遷移

商品は左のラジオボタンで選択し，購入ボタンを押すと detail.jsp が表示される．detail.jsp は選択された商品の詳細情報を表示し，在庫があれば購入用の情報の入力項目が表示される．在庫がなければ購入不可と表示される．

さらに購入ボタンを押すことで，buy.jsp が表示され，購入結果が表示される．

また，各画面からはデータベースのテーブルが参照，更新されている．

7.1.4　データベース

データベースは JSP などのプログラムから SQL を用いて操作するが，データベースの種類によっては管理用のツールを用意しているものもあり，SQL を直接入力することによってデータの操作を行えるものもある．演習で用いるデータベース H2 も管理用の画面を備えており，以下の URL をブラウザで開くことで管理用の画面を利用できる．

```
http://localhost:8082
```

図 7.4 に管理用の画面の表示例を示す．SQL を入力して「実行」ボタンを押

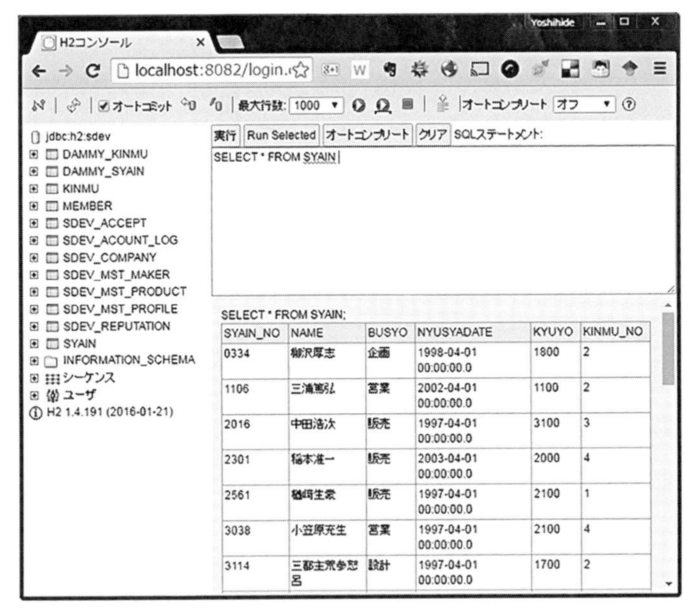

図 7.4　管理用の画面の表示例

すと，下に結果が表示される．

7.1.5　ユーザインタフェース

Web システムのユーザインタフェースは HTML という言語を用いて記述する．HTML は図 7.5 のような構造で記述する．

各タグは <> で囲み，開始タグは <HTML>，終了タグは </HTML> などと記述する．BODY タグの内部に画面に表示したい要素をタグで記述する．HTML タグは大文字小文字どちらで記述してもよい．

代表的なタグは以下の通りである．

・<font>：文字フォントやサイズ，色などを指定する．
・<a href="...">：リンクやアンカーと呼び，他のページへのリンクなどを記述する．
・<table>：テーブル形式の表示を行うときに用いる．行を tr タグ，セルを td タグで記述する．

基本構造タグ

```
<HTML>
<HEAD>
<TITLE>タイトル</TITLE>
</HEAD>
<BODY>
  ブラウザに表示する内容
    <FORM>
      フォーム定義
    </FORM>
</BODY>
</HTML>
```

図 7.5　HTML の基本構造

- <img src="...">：画像を表示するときに用いる．サイズや枠などを指定できる．
- <form>：入力項目などを表示，指定のページに送信するときに記述する．入力用の input などは form タグで囲まれた部分に記述する．
- <input>：入力項目やボタンを表示するときに記述する．Name 属性で次のページに送信するときの項目名を指定する．

また，多くの HTML 要素に共通する装飾的な指定を一元的に指定できる仕組みとして，**CSS**（Cascading Style Sheet）を使うことができる．

CSS は一般的には <style> タグの中に以下のように記述する．

```
<STYLE type="text/css">
body {background-color:white;}
</STYLE>
```

CSS は左側の body などと書かれたセレクタと呼ばれる部分と，右側の {} で囲まれた中に記述されたプロパティで構成される．

セレクタとしては以下のような指定を行うことができる．これらのほかにも，要素型と class を組み合わせた指定なども行うことができる．

- 要素型：body など特定のタグの種類を指定する．
- 全称型：* と指定すると，すべてのタグが対象になる．
- Class セレクタ（. ドット）：同じ class 属性を持つタグすべてが対象になる．
- ID セレクタ（# シャープ）：特定の ID を持つタグ 1 つのみが対象になる．

プロパティとしては，以下のような指定を行うことができる．

- 文字色・背景：color で文字色，background-color で背景色を指定できる．
- フォント：font-style でイタリック体など，font-size で文字の大きさを指定できる．
- 幅・高さ：width で幅，height で高さを指定できる．
- 表示・配置：display で表示するかしないかの選択を，text-align で揃え位置を変更できる．

7.1.6　処理

JSP の処理は **JSTL**（JSP Standard Tag Library）もしくは Java 言語で記述する．JSTL のタグは HTML のタグと同様に，開始タグと終了タグを記述する．Java 言語の処理を記述する場合は，以下のように <% と %> で囲んだ領域に記述する．

```
<% Java の処理 %>
```

JSTL の代表的なタグは以下の通りである．

- c:set：変数の値を設定, 変更する．値は EL 式と呼ばれる式で記述できる．
- c:if：条件によって出力する内容を変化させるときに利用する．条件は test 属性で指定する．
- c:choose：複数の条件から出力を選択するときに利用する．条件は c:when で指定する．

・c:forEach：リストがある場合にその要素を1つずつ分解して表示するときに利用する．主にSQLでの検索結果をHTMLに展開するときなどに利用する．

・sql:query：SQLを使ってデータベースに検索をかけるときに利用する．SQLはqueryタグで囲まれた内部に記述する．条件などへの値の指定は直接記入せず，プレースホルダと呼ばれる「?」を記入しておき，sql:paramタグで値を指定する．

・sql:update：query同様SQLを実行する際に利用するが，データの変更や削除を伴う場合にupdateを指定する．queryと使い分けることにより，意図しないデータの変更などを防ぐ．

1つの画面から次の画面に値を受け渡す場合，HTMLのformタグのaction属性を用いて次の画面のjspを指定し，inputタグのname属性で受け渡したい値に名前を付ける．例えば下記の例では，buy.jspにcustomerNameという名前で値を送信する．

```
<FORM action="buy.jsp" method="POST">
購入者氏名：<input type="text" name="customerName" val-
ue="">
<INPUT type="submit" name="buttonBuy" value=" 購入する ">
</FORM>
```

受け取った側のjspでは，${}と記述するEL式と呼ばれる特殊な記述方法を使って，param.名前と指定することで，前の画面から送られてきた値を参照することができる．例えば以下の例は，前述のformから送られてきたcustomerNameを参照して，formCustomerNameという変数に値を入れる処理の書き方である．

```
<c:set var="formCustomerName" value="${param.customer-
Name}" />
```

このように，各画面で入力された値がどのような名前でどの画面に送られるかを意識して，Web アプリケーションは設計されている．

7.1.7 演習 12：カスタマイズ 1

演習 12-1：サンプルプログラム全体の画面遷移，シーケンス図を描く．

配布した jar ファイルをダブルクリックしてサーバを起動したあと，以下の URL にアクセスすることでサンプルプログラムを動作させることができる．

```
http://localhost:8080/list.jsp
```

ここから各画面を動作させて，UML の記法に従って画面遷移とシーケンス図を記述する．

演習 12-2：メーカー名をラジオボタンから選択する画面を完成させる．

課題用の kadai.html と kadai.jsp に必要な処理を追加して完成させる．Input タグの type を radio とするとラジオボタンが表示される．

先に動作させるのが kadai.html なので，そこから送られる値がどんな名前か，kadai.jsp 側でどう参照するかというところを意識して JSP コードを追加すること．JSP で記述するのは主に以下の 3 カ所．

1. パラメータを取得して変数に入れる．
2. 変数を用いてデータベースからデータを検索する．
3. 検索結果を表示する．

パラメータを取得するには，${} で囲む EL 式の中に，パラメータを取得するための暗黙的な変数 param を使って，以下のように指定する．

```
<c:set var="formMakerName" value="${param.makerName}" />
```

データベースからの検索の際は，変数を直接 SQL に埋め込むのではなく，値を埋め込みたい箇所にプレースホルダと呼ばれる「?」を記入し，そこに入れる値を以下のようにパラメータとして指定する（SQL は参考）．

```
<sql:query var="rs">
SELECT .. WHERE COLUMN=?;
<sql:param value="${formMakerName}" />
</sql:query>
```

検索結果は，演習サンプルの list.jsp と同様に EL 式を用いて表示する．

7.1.8　演習 13：カスタマイズ 2

演習 13-1：口コミを表示する画面の追加．

商品の一覧画面に，図 7.6 にあるように口コミを表示するためのリンクを表示して，ここから口コミの一覧を表示する画面に遷移するようにする．演習には list2.jsp と review.jsp を用いる．

この際の口コミは，事前にデータベース管理画面から新しい PRODUCT_REVIEW テーブルとして作成し，SQL で追加しておく．

以下はテーブルを作成する際の SQL である．作成には CREATE TABLE を用いて，各カラムの名前と型を列挙する．

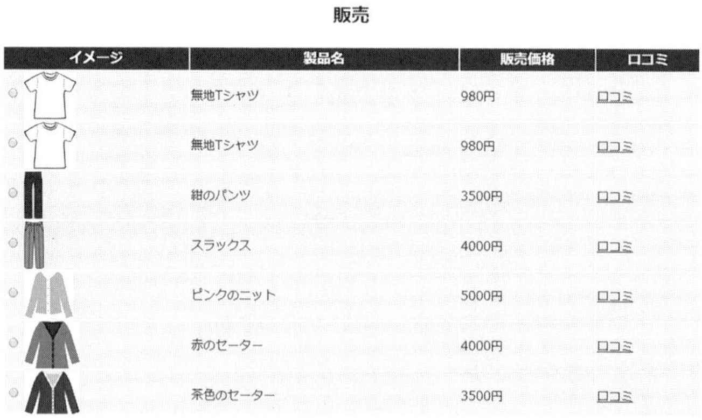

販売

イメージ	製品名	販売価格	口コミ
	無地Tシャツ	980円	口コミ
	無地Tシャツ	980円	口コミ
	紺のパンツ	3500円	口コミ
	スラックス	4000円	口コミ
	ピンクのニット	5000円	口コミ
	赤のセーター	4000円	口コミ
	茶色のセーター	3500円	口コミ

図 7.6　口コミ情報へのリンクの例

```
CREATE TABLE PRODUCT_REVIEW
(
ID INTEGER AUTO_INCREMENT PRIMARY KEY,
PRODUCT_CODE VARCHAR (10),
COMMENT VARCHAR (1000),
SCORE   INTEGER
);
```

以下は口コミを追加するための SQL である．SQL を複数実行する場合は「;」で区切る．

```
INSERT INTO PRODUCT_REVIEW (PRODUCT_CODE, COMMENT, SCORE)
  VALUES ('1001', 'ふつう', 3);
INSERT INTO PRODUCT_REVIEW (PRODUCT_CODE, COMMENT, SCORE)
  VALUES ('1001', 'なかなかよい',4);
INSERT INTO PRODUCT_REVIEW (PRODUCT_CODE, COMMENT, SCORE)
  VALUES ('1002', 'まずまず',2);
INSERT INTO PRODUCT_REVIEW (PRODUCT_CODE, COMMENT, SCORE)
  VALUES ('1002', 'すばらしい！', 5);
INSERT INTO PRODUCT_REVIEW (PRODUCT_CODE, COMMENT, SCORE)
  VALUES ('1003', 'いまいち..',2);
INSERT INTO PRODUCT_REVIEW (PRODUCT_CODE, COMMENT, SCORE)
  VALUES ('1003', 'ふつう',3);
```

リンクの表示には HTML の a タグを用いるが，リンク先にクエリーストリング（Query String）と呼ばれる「?」に続いてパラメータ名と値を「=」でつなげたものを含めることで，リンク先のページにパラメータを受け渡すことができる．一覧を表示する list2.jsp では，次の画面である review.jsp に製品コードを渡したいので，以下のように記述する．

```
<a href="review.jsp?productCode=${row.PRODUCT_CODE}">
```

パラメータを受け取ったreview.jsp側では，演習8と同様にパラメータを受け取って変数に格納する．またこの変数を使って，前述のPRODUCT_REVIEWテーブルを検索し，結果をリスト表示する．

演習13-2：口コミを含む画面遷移，シーケンス図を描く．

商品のリストからリンクをたどって口コミ表示を行う画面に遷移する機能を追加して，画面遷移，シーケンス図を更新する．

7.1.9　演習14：設計書作成と発表準備

演習サンプルや独自にカスタマイズするシステムの設計書を作成する．設計書にはシステム全体の構成，データベースのテーブルの項目名や型，各画面での表示項目，パラメータ名などより具体的な内容について記載する．

演習サンプルに各自が必要と考える機能を実装し，その設計についての記述を行う．具体的には，以下の項目を含むこと．

1. 拡張，追加した機能の一覧
2. なぜその機能が必要になったのかの具体的な解説
3. 各機能のユースケース図，アクティビティ図，シーケンス図，ステートマシン図（状態遷移図）
4. 必要に応じて追加，変更したデータベースのテーブルの概念データモデル（クラス図）
5. 実際の各画面のイメージ

発表の際は上記項目に加えて，開発したシステムを実際に動作させて各機能を紹介する．

7.2　テスト

一般的に，情報システムを開発した場合，実際の環境で利用する前にテストを行う．

プログラムソースのテストは，プログラムの処理ロジック内に記述されている変数にデータが入った（代入された）ことを想定して文単位かつ仮想的に実行し，その動作を具体的にシミュレーションする．

仮想実行にあたっては，まず正常系だけに着目して各命令構文に従って処理ロジックを流し，ソフトウェア機能の動作として重要なパスを開始から終了までを通してチェックする．

その際に扱うデータは，演算や処理結果によって変数に代入される値をさまざまな条件で変更しながらバリエーションチェックを行う．また，データベースアクセス時の SQL 命令の記述方法や，繰り返し（ループ）構造等の記述で処理ロジック内に無駄な動きや命令がないかをチェックする．プログラム記述には多くの関数が使われる．各関数の呼び出しパラメータの並び，データの型，キーワード等を変化させて動作のチェックを行う．その他，処理速度や性能に関連する問題がないか等のチェックも重要なコードレビューの視点である．

正常系のチェックが一通り終わった段階で，次に異常系のチェックを行う．異常系のチェックでは，既成概念にとらわれずに枠を超えて考えられるあらゆる不具合に関してチェックする．例えば，数値が代入されるであろう変数に文字が代入された場合や，max/min の範囲を超えるデータの代入や，文字にならない記号やヌル値なども代入してみる．

また，ハードウェア異常におけるソフトウェアの異常系のチェックも行う．例えば，ハードウェアの突然の電源断におけるデータの保全性や整合性のチェック，メモリやディスクの容量不足や破壊によるデータの取り扱いなど多岐にわたるチェック項目がある．

数々の異常系のテストを行うが，都度，正常系の動作へもフィードバックしてテストを行うことを心がける．

このように正常系と異常系の仮想動作によるレビューをいくつも繰り返し行いプログラム単体の品質を高め，さらに，いくつかのプログラムを結合させて一連の処理や業務の流れに関して仕様に則ってレビューを繰り返し，あるときは，プログラム単体や仕様にまで及ぶレビューにフィードバックするなどを行いながら品質を高めていく．

最終的に仕上がる際には，情報システムを利用する人の要望に応じたものとして仕上がっているか，つまりいかに情報システムとして品質が高く，正しく運用でき，企業経営に貢献できるように仕上がっているかを追求することが重要である．

文　献

【参考文献】

（一社）日本経済団体連合会・（独）国際協力機構（2020）Society 5.0 for SDGs 国際展開のためのデジタル共創, p. 28,（一社）日本経済団体連合会・（独）国際協力機構.

（一社）日本経済団体連合会・（独）国際協力機構（2018）Society 5.0 概要―ともに創造する未来―, p. 47,（一社）日本経済団体連合会.

福田剛志・黒澤亮二（2009）データベースの仕組み, 朝倉書店.

ISO/IEC/IEEE（2010）ISO/IEC/IEEE 24765: 2010, *Systems and software engineering – Vocabulary*, ISO/ IEC/IEEE.

経済産業省（2018）第 6 回産業構造審議会製造産業分科会 資料 3, p. 114, 経済産業省.

木村英紀 編・著（2015）世界を動かす技術思考, p. 208, 講談社.

岸知二・野田夏子（2016）, ソフトウェア工学, 近代科学社.

古殿幸雄（2017）入門ガイダンス経営情報システム（第 2 版）, p. 256, 中央経済社.

木暮仁（2008）教科書 情報と職業, p. 147, 日科技連出版社.

国際連合,（公財）地球環境戦略研究機関 訳, 国際連合広報センター 監修（2019）国際連合 持続可能な開発に関するグローバルレポート 2019 未来は今：持続可能な開発を達成するための科学〈抄訳版〉https://www.unic.or.jp/files/GSDR2019.pdf

増永良文（2006）データベース入門, サイエンス社.

武藤明則（2012）経営情報システム教科書, p. 296, 同文舘出版.

武藤明則（2014）経営の基礎から学ぶ経営情報システム教科書, p. 203, 同文舘出版.

内閣府（2016）科学技術基本計画, p. 69, 内閣府.

内閣府（2017）平成 29 年度年次経済財政報告, p. 282, 内閣府.

内閣府（2017）科学技術イノベーション総合戦略 2017, p. 123, 内閣府.

内閣府（2017）総合科学技術・イノベーション会議 2017, p. 20, 内閣府.

内閣府（2019）戦略的イノベーション創造プログラム 2019, p. 84, 内閣府.

内閣府（2019）統合イノベーション戦略 2019 別紙, p. 119, 内閣府.

内閣官房（2018）未来投資戦略 2018―「Society 5.0」「データ駆動型社会」への変

革一, p. 152, 内閣官房内閣広報室.

Object Management Group (2011) *Business Process Model and Notation (BPMN®)*, Version 2.0, Object Management Group.

Object Management Group (2017) *OMG® Unified Modeling Language® (OMG UML®)*, Version 2.5.1.

小川紘一 (2014) オープン＆クローズ戦略, p. 458, 翔泳社.

尾木蔵人 (2015) 決定版インダストリー 4.0, p. 212, 東洋経済新報社.

Rowley, J. (2007) The wisdom hierarchy: representations of the DIKW hierarchy. *Journal of Information Science*, **33** (2): 163-180.

篠﨑彰彦 (2003) 情報技術革新の経済効果, p. 308, 日本評論社.

白鳥則郎・山崎克之 他 (2013) コンピュータ概論, 白鳥則郎監修, p. 272, 共立出版.

Sommerville, I. (2011) *Software Engineering (9th Edition)*, Pearson.

総務省 (2015) 平成 27 年版情報通信白書, p. 488, 総務省.

総務省 (2018) 平成 30 年版情報通信白書, p. 380, 総務省.

総務省 (2019) 令和元年版情報通信白書, p. 420, 総務省.

遠山曉・村田潔 他 (2015) 経営情報論 新刊補訂, p. 354, 有斐閣アルマ.

【引用文献】

[Beck, 2000] Beck, K. (2000) *Extreme Programming Explained: Embrace Change*, Addison Wesley.

[Checkland, 1981] Checkland, P. (1981) Systems Thinking, Systems Practice, Wiley (高橋康彦他 訳 (1985) 新しいシステムアプローチ—システム思考とシステム実践, オーム社.)

[Checkland, 1999] Checkland, P. (1999) *Systems Thinking, Systems Practice: Includes a 30 Year Retrospective*, Wiley (高原康彦他 訳 (2020) ソフトシステム方法論の思考と実践, パンローリング.)

[Chen, 1976] Chen, P. (1976) The Entity-Relationship Model: Toward an Unified View of Data. *ACM Transactions on Database Systems*, **1** (1): pp. 9-36, ACM.

[Codd, 1972] Codd, E. F. (1972) Further Normalization of the Data Base Relational Model, Data Base Systems, Courant Computer Science symposia **6** (R. Rustine ed.), pp. 65-98, Prentice Hall.

[Davenport, 1993] Davenport, T. H. (1993) *Process Innovation*, Harvard Business School Press.

[IEEE, 1998] IEEE (1998) IEEE Std 830-1998, *IEEE Recommended Practice for Software Requirements Specifications*, IEEE.

[ISO/IEC, 2011] ISO/IEC (2011) ISO/IEC 25010: 2011, *Systems and software Quality Requirements and Evaluation (SQuaRE) – System and software quality models*, I-

SO/IEC

［JISA, 2011］（一社）情報サービス産業協会（JISA）(2011) 要求工学知識体系 REBOK（Requirements Engineering Body Of Knowledge），近代科学社.

［Lamsweerde, 2009］van Lamsweerde, A. (2009) ***Requirements Engineering: From System Goals to UML Models to Software Specifications***, Wiley.

［Martin, 1991］Martin, J. (1991) ***Rapid Application Development***, Macmillan Publishing.

［OMG, 2003］Object Management Group (2003) ***MDA Guide***, Version 1.0.1, Object Management Group.

［OMG, 2012］Object Management Group (2012) ***OMG System Modeling Language*** (***OMG SysML***™), Version 1.3, Object Management Group.

［OMG, 2014］Object Management Group (2014) ***Object Constraint Language*** (OCL™), Version 2.4, Object Management Group.

［OMG, 2015］Object Management Group (2015) ***Meta Object Facility*** (***MOF***™) ***2.0 – Query/View/Transformation Specification***, Version 1.2, Object Management Group.

［Porter, 1985］Porter, M. (1985) ***Competitive Advantage: Creating and Sustaining Superior Performance***, Free Press.

［Royce, 1970］Royce, W. W. (1970) Managing the Development of Large Software Systems, ***Proceedings of IEEE WESCON***: 1-9.

［高橋ほか，2008］高橋真吾・衣川功一 他 (2008) 情報システム開発入門, p. 224, 共立出版.

付　録　学習用プログラムのダウンロード

本書で情報システム開発の演習に利用している仮想的企業のSDEV社向けの「販売サービス」に対応するアパレルサイトの販売サイトのベースとなるサンプルプログラム類をアーカイブファイルとして以下のURLにアップロードしている．

ダウンロードしたアーカイブファイルを適当なフォルダに置き，ディレクトリ付きで解凍する．使用方法の詳細については，Readme.txtを参照のこと．

URL：https://github.com/infosysdev-class/webshop-sample/

索　引

【あ】

【か】

【さ】

【ら】

Memorandum

Memorandum

著者紹介

高橋　真吾（たかはし　しんご）

1984 年　東京工業大学 工学部 経営工学科 卒業

1989 年　東京工業大学大学院 総合理工学研究科 システム科学専攻 博士後期課程修了

現　在　早稲田大学 創造理工学部 経営システム工学科 教授，理学博士

専　門　システム科学，特に社会システム科学，社会シミュレーション，ソフトシステムアプローチ

主要著書：Logical Approach to Systems Theory（Springer, 1995），システム学の基礎（培風館，2007）

衣川 功一（きぬがわ　こういち）

1981 年　日本電気ソフトウェア株式会社（現 NEC ソリューションイノベータ株式会社）入社

2005 年　早稲田大学 理工学部 経営システム工学科 非常勤講師

2007 年　NEC ソフト株式会社経営企画部技術戦略シニアエキスパート部長

2013 年　第一工業大学 工学部 情報電子システム工学科 准教授

2015 年　日本工業大学大学院 技術経営研究科 技術経営専攻 修士課程修了

現　在　第一工業大学 工学部 情報電子工学システム工学科 教授，修士（技術経営）

専　門　情報学，技術経営，経営情報，ICT 社会イノベーション

主要著書：情報システム開発入門 - システムライフサイクルの体験的学習（共立出版，2008）

野中　誠（のなか　まこと）

1995 年　早稲田大学 理工学部 工業経営学科 卒業

2000 年　早稲田大学大学院 理工学研究科 機械工学専攻経営システム工学専門分野
博士後期課程 単位取得退学

現　在　東洋大学 経営学部 経営学科 教授・学科長，修士（工学）

専　門　経営システム工学，ソフトウェア工学

主要著書：データ指向のソフトウェア品質マネジメント（日科技連出版社，2012）

岸　知二（きし　ともじ）

1980 年　京都大学 工学部 情報工学科 卒業

1982 年　京都大学大学院 工学研究科 情報工学専攻 修士課程修了

同　年　日本電気株式会社（現 NEC）入社

2002 年　北陸先端科学技術大学院大学 情報科学科 博士後期課程修了

2003 年　北陸先端科学技術大学院大学 情報科学科

2009 年　早稲田大学 創造理工学部 経営システム工学科

現　在　早稲田大学 創造理工学部 経営システム工学科 教授，博士（情報科学）

専　門　ソフトウェア工学

主要著書：ソフトウェアアーキテクチャ（共立出版，2005），ソフトウェア工学（近代科学社，2016）

野村　佳秀（のむら　よしひで）

1996 年　青山学院大学 理工学部 経営システム工学科 卒業

1998 年　青山学院大学大学院 理工学研究科 経営工学専攻 博士前期課程修了

現　在　株式会社富士通研究所 ソフトウェア研究所

専　門　ソフトウェア工学

情報システムデザイン
——体験で学ぶシステム
ライフサイクルの実務
Information Systems Design

2021年1月20日 初　版　第1刷発行

検印廃止
NDC 007.61, 509.6
ISBN978-4-320-12466-0

著　者　高橋真吾・衣川功一・野中　誠
岸　知二・野村佳秀

発行者　**共立出版株式会社**／南條光章

東京都文京区小日向4丁目6番19号
電話 03(3947)2511（代表）
郵便番号 112-0006
振替口座 00110-2-57035
URL　www.kyoritsu-pub.co.jp

印　刷　藤原印刷
製　本　ブロケード

一般社団法人
自然科学書協会
会員

Printed in Japan